我最爱吃的海鲜

贺师傅教你严选食材做好菜 广受欢迎的各种食材料理

加 贝◎著

译林出版社

图书在版编目(CIP)数据

我最爱吃的海鲜 / 加贝著 . -- 南京 : 译林出版社 , 2015.4
(贺师傅幸福厨房系列)
ISBN 978-7-5447-5384-5

Ⅰ . ①我… Ⅱ . ①加… Ⅲ . ①海鲜菜肴－菜谱 Ⅳ .
① TS972.126

中国版本图书馆 CIP 数据核字 (2015) 第 054497 号

书　　名	**我最爱吃的海鲜**
作　　者	加　贝
责任编辑	王振华
特约编辑	梁永雪
出版发行	凤凰出版传媒股份有限公司 译林出版社
出版社地址	南京市湖南路1号A楼，邮编：210009
电子信箱	yilin@yilin.com
出版社网址	http://www.yilin.com
印　　刷	北京旭丰源印刷技术有限公司
开　　本	710×1000毫米　1/16
印　　张	8
字　　数	29.9千字
版　　次	2015年4月第1版　　2015年4月第1次印刷
书　　号	ISBN 978-7-5447-5384-5
定　　价	25.00元

译林版图书若有印装错误可向承印厂调换

目录

一鲜到底的 鱼类料理

细嫩入味的 虾·蟹料理

CONTENTS

鲜滑入味的

软体贝壳 料理

清香爽口的

海藻 料理

各类海鲜保存大讲堂

鱼类的保存

保鲜储存法：鲜鱼处理洗净后，裹上保鲜膜放入冰箱冷藏；若要冷冻，则需在鱼体上抹盐淋酒后用保鲜膜包妥，再放入冰箱。

晒干储存法：鲜鱼剖片后撑开晒干，或者用盐腌渍 2 天，再撑开晒干保存。

腌渍储存法：用盐渍、油浸、酱泡法储存，或把鱼煎熟、炸熟后再包起置于冷冻室储存。

虾蟹的保存

虾：虾最好趁新鲜时吃，若要储存，大虾可在煮、蒸或炸熟后，凉透了再用保鲜膜包紧，放入冰箱冷冻，可保存 2-3 天。

蟹：蟹类不宜久存，最好立即烹调，若要储存，最好处理干净后用保鲜膜包好冷冻，注意不要轻易解冻再冷冻，以免腐坏。

软体贝壳的保存

软体类：清理去除外皮及吸盘中的污物与类似软骨小颗粒，以及尾翼软骨，将身体洗净、抹干，切成两大片分开包装，冷冻收藏。

贝壳类：放入有水的盆中冷藏，注意勤换水。

• 书中计量单位换算

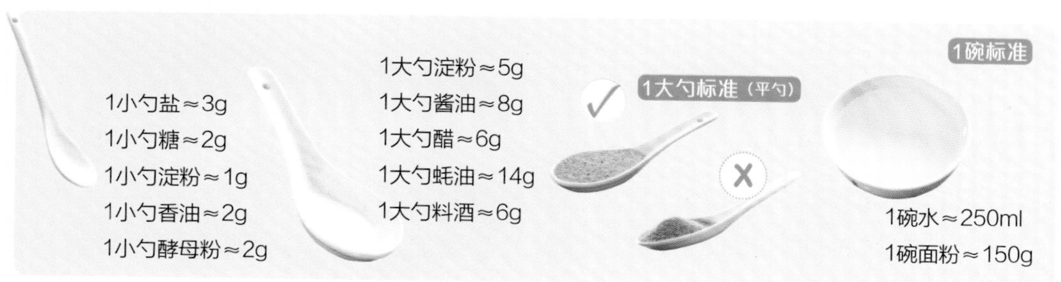

各类海鲜处理全攻略

中国自古以来就有“山珍海味”之说，
如今各类海鲜更是不断在人们的餐桌上登场亮相。
不过海鲜虽然营养丰富，却往往不宜直接食用，
所以烹饪前的正确处理是非常必要的。

鱼类洗切全攻略

清洗

1. 抓起鱼尾，用 90℃热水向下冲淋鱼身，当鳞片立起后就很容易去除了。

2. 鱼鳃可用剪刀直接剪掉，咽喉处易有寄生虫，所以应用盐略微刷洗一下。

3. 鱼腹有两层，必须将内膜剪开。如果想保持鱼的完整性，则可以在鱼腹切一小口，用筷子从鱼的口中插入腹腔，取出全部内脏。

刀切

1. 去骨剖法：先将鱼头切去，然后从鱼脊处避开骨，用刀慢慢沿着骨片开鱼肉，并将鱼肉片下，另一边同此法片下鱼肉。

2. 切鱼片：顺着鱼肉的纹路用刀斜切，即可切出漂亮的鱼片。

3. 切鱼块：顺着纹路将鱼肉一分为二，然后均匀切块即可达到完美的效果。

4. 切鱼丝：先将鱼肉片薄，再顺纹路切成细丝，以 0.5cm 长、0.1cm 宽为最佳。

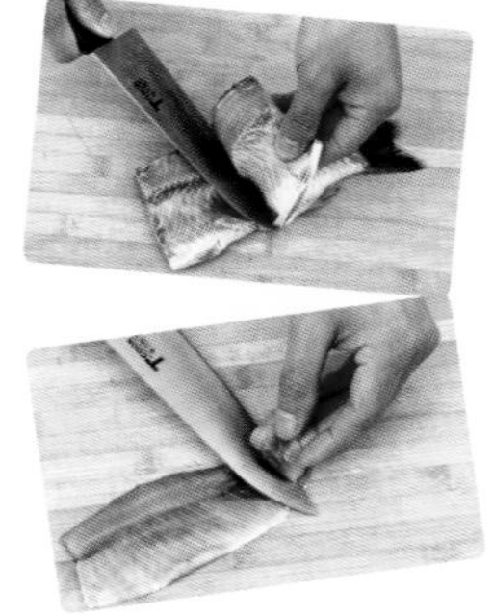

虾蟹洗切全攻略

虾

1. 用剪刀剪去尖角、虾脚、长须、虾眼和尾尖。

2. 剪开虾的背部，用牙签将肠泥挑去，清洗干净。

3. 在虾腹部的筋上切数刀，或将虾以竹签固定成一字形，这样加热虾就不会卷缩。

4. 剪去虾头，用右手拇指剥开前三节虾壳，再用左手拇指和食指轻压虾尾，即可取出虾肉。

蟹

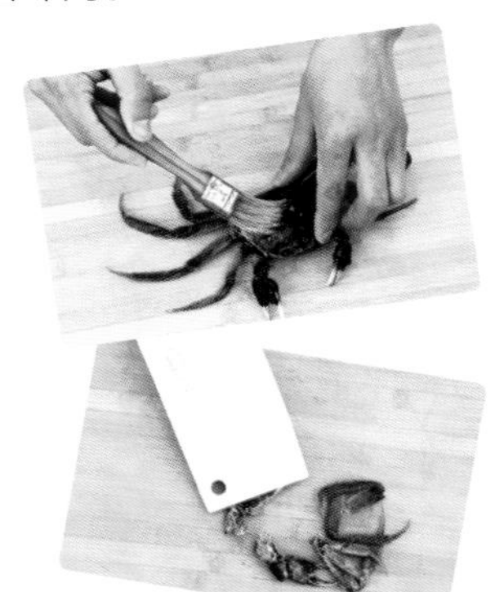

1. 用刷子将螃蟹的外壳刷洗干净。
2. 用左手压住蟹脚，右手拿剪刀掀开蟹壳，然后刮去腮，剪去蟹脚。
3. 用刷子刷洗腮部，剪去蟹嘴旁边的沙囊。
4. 将蟹身切成适当大小的块，再用肉槌或刀背拍裂蟹钳，以便食用。
5. 用剪刀剪去蟹壳的外部，将蟹壳剪成两半，清蒸或煮汤时可直接使用，油炸时则需要撒上薄薄一层面粉。

软体贝壳洗切全攻略

清洗

1. 用刀从鱿鱼头部划至尾部，取出硬骨，去除头部和足部，剥去筋膜。

2. 用右手拉起鱿鱼的皮膜，连尾须一起剥开，洗净。

3. 平放两片尾翅，用刀切去与硬骨连接的部分，剥除尾翅上的皮膜，洗净。

4. 拔掉头部和足部的墨囊，用刀由嘴的下方切开，再划开眼睛和嘴部。

5. 去除眼睛和嘴部，用盐稍微搓揉一下后洗净。

刀切

1. 切花纹：首先将鱿鱼的躯干放在砧板上，用斜刀法同方向剞出浅刀纹，切记不可划断肉片；其次交叉剞出浅刀纹，使之呈十字形斜纹；最后用直刀法改切成长方形块即可。

2. 切圈：处理鱿鱼时先不要将躯干部分切开，取出透明软管后使其保持圆桶状，等距直刀切下即可。

一鲜到底的

鱼类料理

清蒸鲈鱼、红烧带鱼……

生滚鱼片粥、酥炸黄花鱼……

香酥鲜嫩的鱼料理就要上桌啦！

红烧带鱼

炸黄花鱼前，
需先用盐、料酒等腌制
1小时，不仅能够去除鱼腥味，
使黄花鱼入味，还可使
肉质鲜嫩。

红烧带鱼

材料： 带鱼2条、花椒2小勺、八角1颗、葱3段、姜5片、蒜末1大勺、干红辣椒2根、白芝麻1大勺、香葱花1大勺、香菜末1大勺

调料： 白酒1大勺、干淀粉2大勺、油2碗、白糖2小勺、老抽1大勺、生抽1大勺、米酒1大勺、陈醋1大勺、盐1小勺、温开水1碗

红烧带鱼怎么做才会鱼嫩汁鲜又入味？

炸带鱼时保持高油温，这样炸出的带鱼才会外酥里嫩，出锅时油温要高，这样带鱼里面才不会存油；烧带鱼的时候放入酒、醋，可以有效去腥；最后加糖提鲜，以大火收汁，红烧带鱼自然就汁鲜入味了。

制作方法

1 带鱼去除内脏、洗净，切成6cm长的鱼块，备用。

2 碗中加入1小勺花椒和白酒，腌制15分钟。

3 取一只盘，倒入干淀粉，将腌制好的带鱼两面均匀地裹上淀粉。

4 锅里放油，大火烧至七成热时，将鱼块入锅炸，炸至两面金黄，捞出、滗干油分。

5 锅内留1大勺油，放入1小勺花椒，小火煸香、捞出；倒入八角和葱姜蒜炒香；放带鱼块，中火翻炒。

6 再加入白糖、老抽、生抽、米酒调味。

7 然后再放陈醋、盐和干红辣椒。

8 倒入1碗温开水，盖上锅盖，焖煮约10分钟。

9 转大火收汁，待汤汁浓稠后，撒上白芝麻、香葱、香菜即可。

清蒸鲈鱼

材料： 鲈鱼1条、姜1块、葱2根

调料： 白胡椒粉1小勺、盐1小勺、料酒1大勺、油2大勺

调味汁料： 蒸鱼豉油2大勺、生抽1大勺、白糖1小勺

清蒸鲈鱼怎么做才鲜嫩美味、无异味？

鲈鱼的腹内有一层白色薄膜，带有苦味，处理鲈鱼时，要将这层膜去掉，以免影响口味。蒸完鲈鱼后，盘子里蒸出的汤汁腥味很重，一定要和鱼肚内的葱姜一起倒掉，才能享受到鱼肉的鲜美。

“鲈鱼富含蛋白质、维生素 A 和维生素 B 群，
对于调整肝肾、脾胃功能具有很好的效用。
常吃鲈鱼不会导致肥胖和营养过剩等症状，
故鲈鱼是补血、健脾、益气的养生佳品。”

制作方法

1 鲈鱼去除鳞片、内脏、鱼鳃后清洗干净，接着在两面划上三斜刀。

2 姜洗净，切成姜丝、姜片；葱白洗净，切成葱段、葱丝。

3 往鱼身上撒上白胡椒粉、盐，淋上料酒，使其入味。

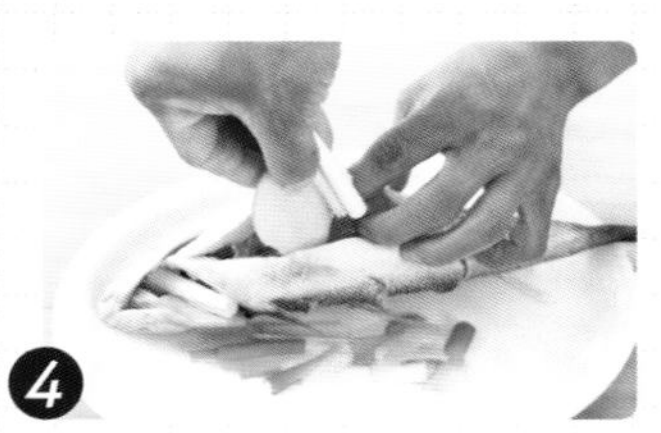

4 往鱼肚中和鱼身上放满姜片、葱段，吸收鱼腥味。

5 蒸锅加水大火烧开，放入鲈鱼，蒸约8分钟，转中火蒸2分钟，然后关火焖2分钟。

6 将鱼取出，倒掉鱼身上、鱼肚里的姜葱，和盘子中带有腥味的汁水。

7 接着，在鱼身上重新铺上一层葱姜丝。

8 将调味汁混合均匀，淋在蒸好的鲈鱼上。

9 锅内加2大勺油，大火烧至七成热时关火，再将热油淋在葱姜及鱼身上即可。

蒜子烧鲈鱼

材料： 蒜5瓣、香葱2根、红椒半个、鲈鱼1条、姜4片、干红辣椒2根

调料： 面粉1大勺、油10大勺、蚝油2小勺、白糖1大勺、料酒1大勺、老抽1小勺、醋1小勺、盐1小勺、胡椒粉1小勺、水淀粉1碗

制作方法

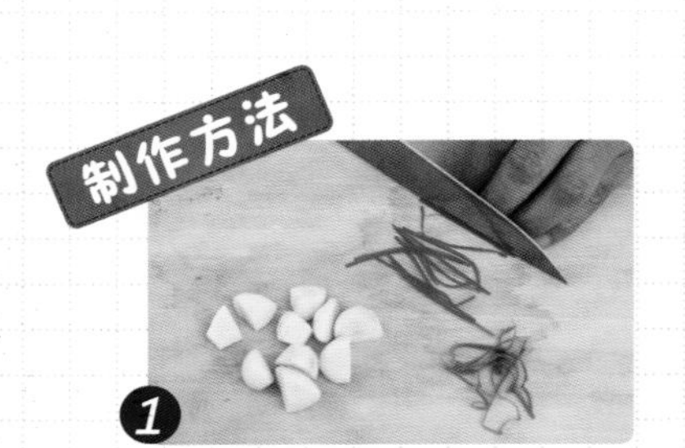

蒜去皮、洗净，对半切开；香葱、红椒洗净，切丝，备用。

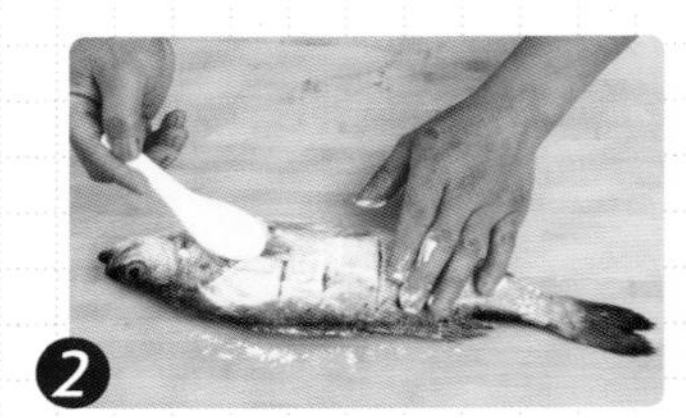

鲈鱼去除内脏后，在鱼身两面各横切几刀，撒上面粉，均匀抹开。

炒锅烧热后，用姜把锅抹一遍，倒油，油热后下入鲈鱼，煎至两面金黄后盛出。

留底油，放入蒜粒、姜片、干红辣椒，略炒一下，加入蚝油炒香。

锅内倒入适量水，烧开后，放入白糖、料酒、老抽、醋。

接着放入煎好的鱼，转大火煮8分钟。

放盐、胡椒粉，再煮2分钟后将鱼盛出装盘。

锅里留些鱼汁，加水淀粉煮开，最后加蚝油调味，勾成薄芡。

最后，把烧好的鱼汁淋在鱼身上，撒上红椒丝和香葱丝即可。

鲈鱼富含蛋白质、维生素、钙、锌、镁等多种营养元素，
对肝肾不足的人有很好的补益作用；
鲈鱼还对胎动不安、少乳等症有辅助治疗之用，
是准妈妈和产后妇女益体安康的佳品。

30 分钟　中级　4 人

黄鱼能健脾、开胃、益气，有补虚、强身的作用，
对体质虚弱者来说，是极好的食物。
黄鱼蛋白质丰富，还具有多种维生素和微量元素，
鱼中富含的硒元素，能清除人体自由基、延缓衰老。

豆瓣黄鱼

材料： 葱白1段、姜1块、大蒜3瓣、五花肉1块、黄花鱼1条

调料： 盐1小勺、料酒1大勺、面粉5大勺、油4大勺、郫县豆瓣酱2大勺、黄酒2大勺、老抽1大勺、白糖2小勺

豆瓣黄鱼怎么做才能酱香入味？

制作豆瓣黄鱼的关键在于郫县豆瓣酱，利用食材中的五花肉爆出猪油的香味，再去炒郫县豆瓣酱，才能让酱中的豆腥味消失、酱香味释出，这样炒出来的酱卤才会更加咸香入味。

制作方法

1. 葱白洗净，剁成葱泥；姜、蒜分别去皮，切末；五花肉洗净，切成小碎丁。

2. 将清理了鳞、内脏和腮的黄花鱼用清水洗净，备用。

3. 在鱼的两侧分别斜切3刀，深及鱼骨；撒上盐和姜末，淋上料酒，腌制15分钟。

4. 腌制完成后，将事先做好的葱泥涂抹在黄花鱼两侧刀口内侧。

5. 用面粉轻拍黄花鱼的鱼身两侧，并涂抹均匀。

6. 煎锅中倒2大勺油，把鱼放入锅中，中火煎至鱼身两面金黄后，盛出备用。

7. 炒锅倒2大勺油，中火烧至三成热，下入肉丁，煸出香味。

8. 接着再放入郫县豆瓣酱，炒出红油后，倒入蒜末炒匀，并调入黄酒、老抽、白糖、开水，大火煮沸。

9. 放入黄花鱼，大火烧开后转中火，加盖炖半小时，待收至剩1/3汤汁时出锅。

醋烧黄鱼

材料： 大黄花鱼1条、青椒半个、红椒半个、八角1颗、花椒20粒、葱5片、姜3片、蒜5片、清水半碗

调味汁料： 盐1小勺、白胡椒粉1小勺、白糖4大勺、料酒3大勺、生抽2大勺、醋6大勺

调料： 油6大勺、水淀粉1大勺

制作方法

1. 大黄花鱼去除内脏和鳃鳍后洗净、滗干，在鱼身表面切上花刀，方便入味。

2. 青椒、红椒洗净，切丝，备用。

3. 将所有调味汁料混合，做成料汁。

煎鱼前要把水分吸干，避免溅油

4. 锅中倒油烧热，将鱼擦干水分后下入锅中，用中火煎。

5. 鱼的一侧煎成金黄色后翻面，放入八角、花椒煎香。

6. 然后放入葱姜蒜和青椒丝、红椒丝爆香，倒入调好的料汁。

7. 接着加入清水，使水面与鱼持平。

8. 盖上锅盖，用中小火炖8分钟后，只将鱼盛入盘中。

9. 捞出锅中的香料，用水淀粉勾芡，大火把汤汁收浓，浇在鱼身上即可。

“做调味汁时，醋要略多于糖，因为烧鱼的过程中醋会挥发；
煎鱼时不要翻动鱼身，只要把鱼皮煎至金黄，
轻轻晃锅，鱼皮会自然和锅底脱离；
鱼肉经过煎炸，内部的鲜味物质更容易渗出，
这样做出的鱼更加美味。”
20分钟
中级
2人

酥炸黄花鱼

材料： 大葱1根、姜1块、小黄花鱼8条

调料： 盐1小勺、料酒1大勺、白胡椒粉1小勺、炸鸡粉2大勺、油1碗

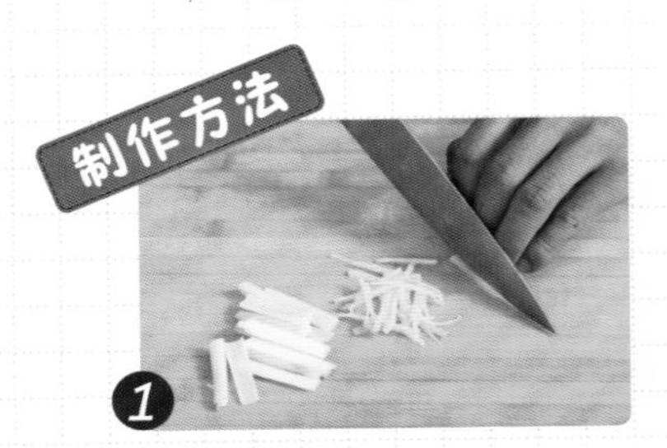

大葱洗净，切段；姜洗净，切丝，备用。

小黄花鱼去内脏、鳃和鳍，洗净，控干水分。

用盐、料酒、白胡椒粉和葱段、姜丝将小黄花鱼腌制1小时。

将腌好的小黄花鱼裹上一层薄薄的炸鸡粉。

锅中倒油，烧至七成熟时，改小火，逐条放入小黄花鱼，慢慢炸熟，捞出控油。

调回大火，待油温升高，放进炸好的小黄花鱼，复炸至鱼身金黄，出锅盛盘即可。

酥炸黄花鱼怎么炸才外脆里嫩？

炸黄花鱼前，需先用盐、料酒等腌制 1 小时，不仅能够去除鱼腥味，使黄花鱼入味，还可使肉质鲜嫩；炸黄花鱼时，将鱼身裹上一层炸鸡粉，小火慢炸，大火复炸，口感又香又脆。

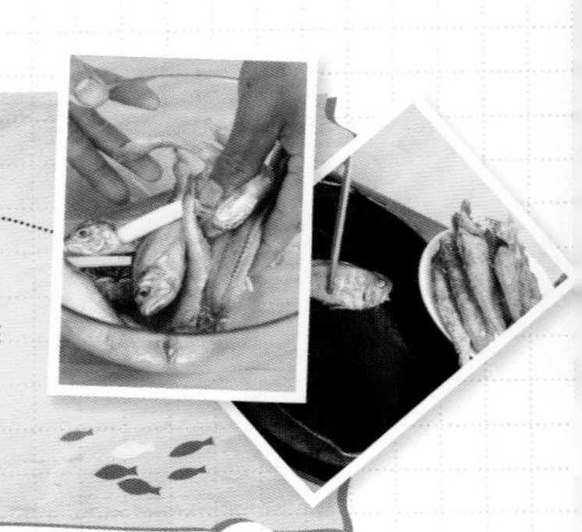

黄花鱼含有丰富的蛋白质、矿物质和维生素以及微量元素硒，
能够延缓衰老，防治各种癌症，
有健脾升胃、安神止痢、益气填精的功效，
适合食欲不振、两目干涩、肝肾不足、女子产后体虚者食用。

1 小时 30 分钟　初级　2 人

贴饼子熬鱼

材料： 玉米面2碗（约300g）、鸡蛋2个、青椒1个、红椒1个、姜1块、蒜3瓣、小黄花鱼10条、香菜碎1大勺

调料： 油3大勺、郫县豆瓣酱1大勺、胡椒粉0.5小勺

贴饼子熬鱼怎么做才鲜美、香脆？

炸小黄花鱼时，要用中火煎炸至金黄即捞出，可使口感爽脆；锅底熬鱼时，鱼汤浸没鱼身及一半玉米饼，经过鱼香的熏蒸，可使玉米饼既有玉米面的香味，又有小黄花鱼的鲜味。

“玉米中的核黄素、维生素等营养物质对预防心脏病、
癌症等疾病有很大的作用，
而天然维生素 E 则有促进细胞分裂、延缓衰老、
降低血清胆固醇、防止皮肤病变的功能，对治疗青春痘有一定功效。”

将玉米面粉和鸡蛋液按比例混合均匀，揉成光滑面团，静置发酵1小时。

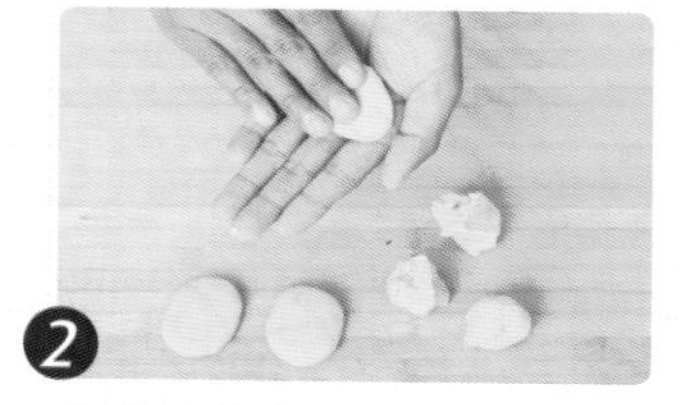

将发酵好的面团分成小剂子，用手压成圆形小饼。

青椒、红椒洗净，切圈；姜洗净，切丝；蒜去皮、洗净，拍扁，备用。

小黄花鱼去内脏、鳃和鳍，洗净，滗干水分，备用。

锅中倒油，烧至七成热时，下姜丝爆香，放小黄花鱼，中火煎至两面金黄，盛出。

用锅中余油爆香蒜瓣，加入郫县豆瓣酱和胡椒粉爆香，倒入小黄花鱼，翻炒3分钟。

然后倒入清水，淹没小黄花鱼即可。

将玉米饼沿锅边贴好，大火煮开后，盖上锅盖，小火慢熬30分钟。

加入青椒圈、红椒圈、香菜碎，再焖5分钟，即可出锅。

“鲳鱼具有益气养血、补胃益精、柔筋利骨之功效，
对消化不良、贫血、筋骨酸痛等很有效；
鲳鱼含有丰富的微量元素硒和镁，
对冠状动脉硬化等心血管疾病有预防作用，并能延缓机体衰老。”

干烧鲳鱼

材料： 鲳鱼1条、葱1根、姜1块、蒜4瓣、干红辣椒2个、猪肥肉1块（约20g）

调料： 油2碗、郫县豆瓣酱2大勺、黄酒0.5大勺、白糖2小勺、清水1碗、香油1小勺、盐1小勺

干烧鲳鱼怎么做才会干香、无异味？

干烧鲳鱼材料中的肥猪肉、红辣椒、豆瓣酱都是可以有效遮盖鲳鱼腥味的食材，因此在烧鲳鱼时，一定先要将肥猪肉的猪油煸出，借着猪油的油香，爆香所有香辛料及豆瓣酱，这样才能烧出好吃的鲳鱼。

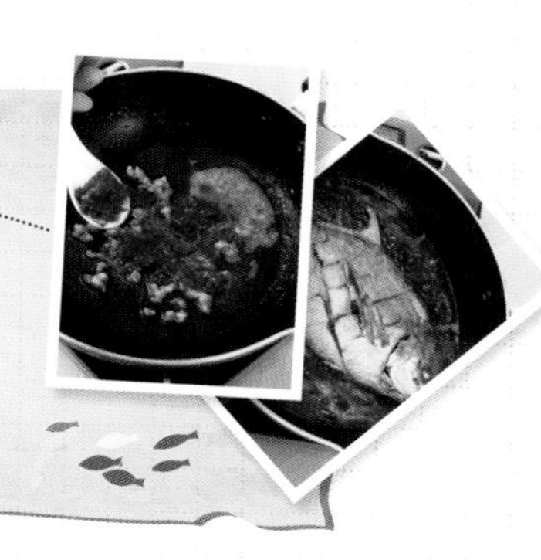

制作方法

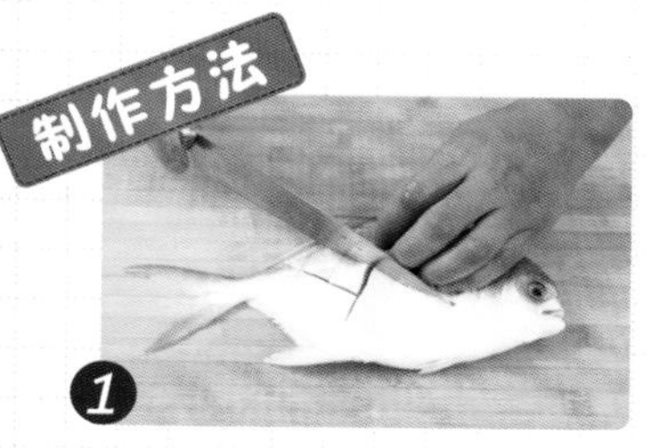

1 鲳鱼去除鳃、内脏，清洗干净，用刀在鱼的两面每隔1cm切出一花刀。

2 葱、姜分别洗净，切片；蒜去皮，切片；干红辣椒切碎，备用。

3 猪肥肉洗净，切0.6 cm见方的丁状，备用。

九成热：油面平静，划动油面时有响声

4 锅内放入2碗油，大火烧至九成热，将鱼放入锅中，炸至枣红色时捞出，滗干。

5 锅中留少许油烧热，下入肥猪肉丁，中火炒出肥油。

6 加入蒜、葱、姜、干红辣椒、郫县豆瓣酱，炒香后，加入黄酒。

7 然后加白糖、清水，用大火煮沸。

8 接着将鲳鱼放入，转成小火慢炖，炖至汤汁浓稠时，将鱼盛入盘中。

9 将汤汁中的葱姜片撇出，放入香油和盐，搅拌均匀，浇在鲳鱼上，干香可口的烧鲳鱼就做好了。

五香熏鲅鱼

材料： 葱1根、姜1块、鲅鱼1条、淀粉1碗、花椒1小勺、八角5颗、桂皮1块、香叶2片

调料： 油4碗、生抽4大勺、冰糖2大勺、白酒1大勺

腌料： 五香粉2小勺、盐0.5小勺、老抽1小勺、料酒1大勺、醋2小勺

制作方法

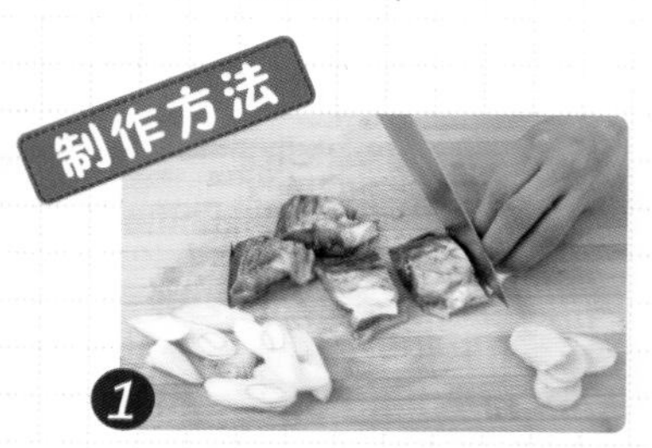

1. 葱、姜均洗净，切片；鲅鱼洗净，去除内脏和肚内黑膜，再洗净、滗干，切成3cm宽的鱼块。

2. 在鱼块中加入腌料，腌制2小时入味。

3. 鱼块裹淀粉，下入六成热的油锅中，中火炸至色泽金黄，捞出、控油。

4. 炒锅烧热，放入花椒，小火慢慢将其焙干，直至飘出香味。

5. 再放入生抽、葱、姜、冰糖、八角、桂皮、香叶，小火煮沸后盛出，加入白酒，制成熏鱼汁。

6. 将炸好的鲅鱼块放入熏鱼汁中，腌制15分钟后盛出，即为五香熏鲅鱼。

五香熏鲅鱼怎样才能香浓入味？

鱼肉用醋腌泡，可使鱼刺软化、鱼骨酥烂易嚼，浸泡中多翻动，可使其入味均匀。 鱼块煎好捞出，趁热放入料汁，才能更好地吸收料汁的味道。

30 分钟
中级
2 人

红烧鲅鱼

材料： 葱1段、姜1块、大蒜3瓣、干红辣椒3个、鲅鱼1条、花椒粒10粒、香菜1大勺

调料： 油2大碗、料酒3大勺、老抽1小勺、白糖1小勺、清水5大勺、花椒粉0.5小勺

腌料： 土豆淀粉1大勺、盐1小勺、白胡椒粉1小勺、生抽1大勺、料酒2大勺、白糖1小勺

红烧鲅鱼怎么做才酥香入味？

鲅鱼要经过腌制才足够入味，沾裹淀粉的鱼块入油后才能炸出酥脆的口感。鱼肉经过油炸后，表面的蛋白质会凝固，鱼肉不容易碎，方便烧制。海鱼腥味重，烧鱼时可以多加入料酒、延长烧鱼的时间，以去除腥味。

制作方法

1. 葱洗净，切成葱丝和葱花；姜去皮，切成姜丝和姜末；蒜去皮，切片；干红辣椒洗净，切段，备用。

2. 鲅鱼洗净、去除内脏后，顶刀切成若干段，放入大碗中。

3. 加入所有腌料，腌制20分钟以上。

4. 锅中倒入2碗油烧热，放入鲅鱼段，炸至两面金黄后，捞出、淹干。

5. 锅中留少许底油，放入花椒粒小火爆香，再放入葱姜末、蒜片和干红辣椒，炒香。

6. 然后把炸好的鱼段倒入锅内，加3大勺料酒，转中火烧鱼。

7. 加入老抽、白糖、清水，继续烧5分钟。

8. 然后转大火将汤汁收干，加入花椒粉，搅拌均匀。

9. 最后，撒入香菜段，即可盛出。

清汤鱼圆

材料： 鲜香菇3朵、豌豆尖1把、火腿1块、鸡蛋1个、鲅鱼1条

调料： 盐1.5大勺、姜汁1大勺

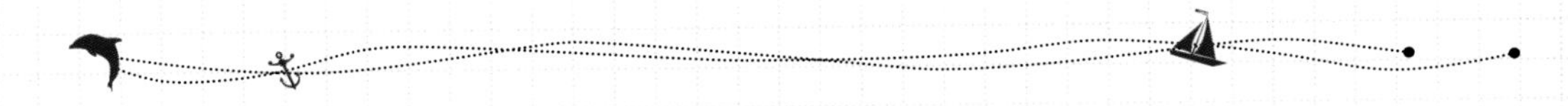

制作方法

鲜香菇洗净，在顶部划十字；豌豆尖洗净；火腿切片；鸡蛋滤出蛋清，备用。

鲅鱼去除内脏后洗净，片下两片鱼肉，洗净鱼血。

将大片的鱼肉切成2cm见方小块，方便搅碎。

然后放入搅拌机里按照1:1的比例兑水，搅成肉泥。

将鱼肉泥盛入碗中，加入盐、蛋清、姜汁。

按同一方向用力搅拌均匀，使鱼肉上劲，备用。

锅中倒水，烧至三成热，放入用鱼肉泥挤成的鱼圆，煮至定型。

然后加盐调味，搅拌均匀。

接着放入其余所有食材，煮熟后出锅，即可享用。

鲅鱼富含蛋白质、维生素 A、矿物质等营养元素，
具有补气平咳、提神防衰等功效，
常食对贫血、早衰、营养不良、产后虚弱
和神经衰弱等症会有一定辅助疗效。
45 分钟
中级
2 人

烤鳕鱼片

材料：鳕鱼1块

调料：白糖2大勺、盐1小勺、料酒1小勺、胡椒粉1小勺、姜汁0.5小勺、油0.5大勺

“鳕鱼有‘餐桌上的营养师’之美称，鳕鱼肉质鲜美，营养丰富，
肉中蛋白质含量高，脂肪含量极低，
鳕鱼油中除含 DHA 等物质外，
还含有人体所必需的维生素 A、维生素 D、维生素 E 等营养元素。”

制作方法

1 鳕鱼洗净、去骨，削下鱼皮。

2 洗净鱼片上附着的黏膜及污物、脂肪等物质，片成鱼片。

3 加入白糖、盐、料酒、胡椒粉和姜汁拌匀调味，腌制1小时。

4 取出烤架，在烤架上均匀刷上油，将鱼片平铺于烤架上。

5 设置烤箱温度为40℃，放入烤架，低温烘烤1小时，至烘干鱼片水分。

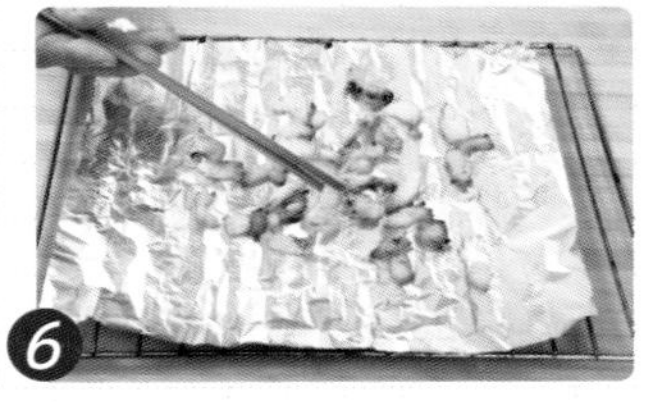

6 烤箱预热至200℃，将鱼片翻面，再次放入烤箱，高温烘烤3分钟即可。

鱼片怎么烤才能口感松软、鲜美可口？

用鳕鱼烤出的鱼片口味最佳，其肉质细嫩、不腥，咀嚼烘干鱼片时，具有鲜香的纤维感；也可以用其他鱼制作，烤前刷上少许油即可。

日式蒲烧鲷鱼饭

材料：冷冻鲷鱼1片、白芝麻1小勺、西兰花2朵、白米饭1碗、黄萝卜片2片

调料：盐1小勺、红糖1大勺、酱油1大勺、姜汁1大勺、米酒1大勺

刷料：红糖1大勺、酱油1大勺、料酒1大勺

制作方法

1. 冷冻鲷鱼片解冻、洗净后，加入盐、红糖、酱油、姜汁、米酒，腌制15分钟。

2. 将所有刷料倒入小锅中，中小火加热，边煮边搅拌，煮至酱汁略为浓稠。

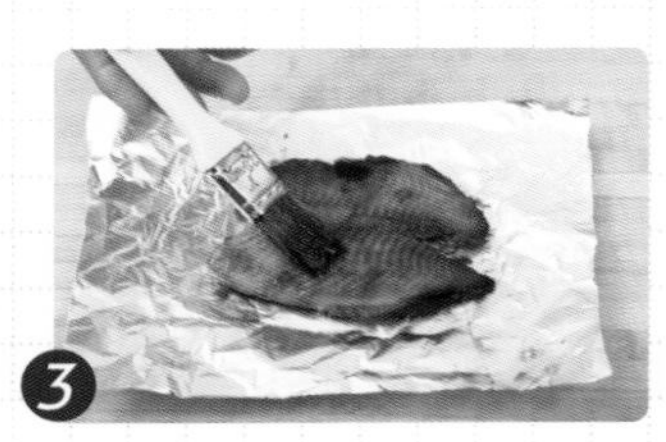

3. 待鲷鱼片腌制入味后，放于锡箔纸上，在鱼片两面均匀地刷上煮好的酱汁。

4. 烤箱预热至200℃，将鲷鱼片放入烤箱，烤约3分钟后取出，在两面重新均匀地刷上一层刷料，再烤2分钟。

5. 然后取出，刷料，再烤2分钟。重复一次刷料的动作后，续烤1分钟。重复烤制1次后，再次取出。

6. 最后，将鲷鱼片片成斜片，撒上白芝麻，搭配西兰花、米饭、黄萝卜片食用。

鲷鱼怎么烤才酱香入味？

鲷鱼先腌制，腌制时间久，味道才会充分渗透；烤鲷鱼前，先将烤箱预热，使鲷鱼入烤箱后受热均匀，避免高温使鱼肉变硬；烤时反复刷上酱汁，才能使酱汁深入肉中，增添风味。

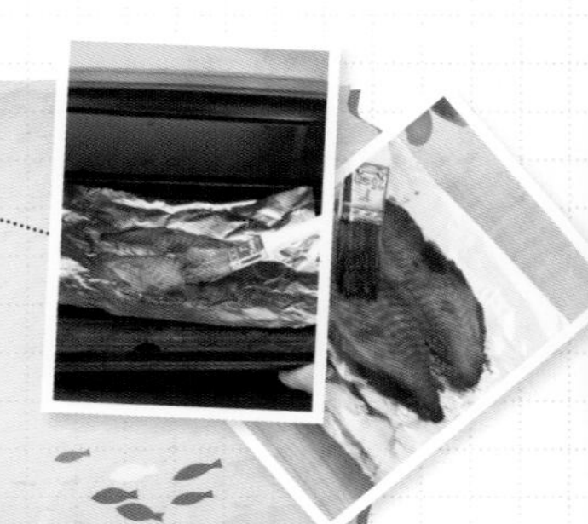

30 分钟
高级
1 人

生滚鱼片粥

材料： 大米半碗、姜1块、香葱1根、大叶生菜半棵、香菇2朵、鲈鱼半条、香菜末2大勺

调料： 油1小勺、盐3小勺、胡椒粉1.5小勺、香油1.5大勺

腌料： 料酒2大勺、盐0.5小勺、胡椒粉0.5小勺

生滚鱼片粥怎么做才鱼嫩粥鲜？

粥的鲜味里不能缺了香菇、青菜的清香味，也要用最新鲜的鱼来煮粥；鱼片切得要薄，因鱼肉中有鱼刺，鱼片切得越薄，鱼刺就越容易被切断，这样更方便食用；调味时，淋一点儿生抽可使味道更咸香。

“鲈鱼与大米中都含有丰富的 B 族维生素，
B 族维生素具有调节体内代谢，为人体提供能量的作用；
不仅如此，鲈鱼和大米都是容易消化的食物，
脾胃功能不佳者饮用此粥，可减轻脾胃负担，补养脾胃。”

制作方法

1 大米洗净放入锅中，加水烧开，淋入油，大火煮沸，加盖转小火煮40分钟。

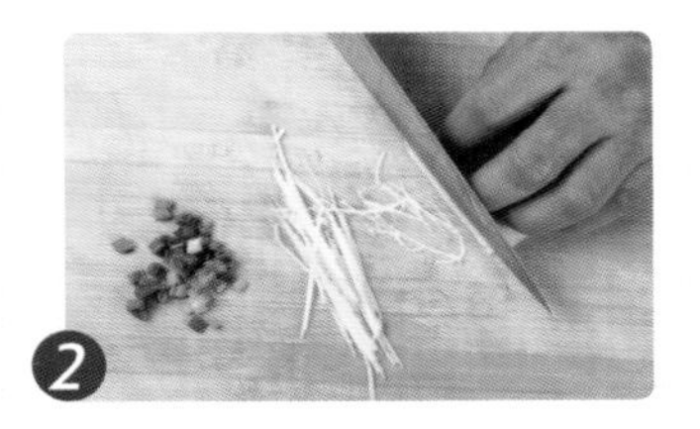

2 姜洗净，切丝；香葱洗净，切成葱花，备用。

3 大叶生菜洗净，切丝；香菇洗净，切成薄片，备用。

4 鲈鱼洗净，去除内脏、鱼头，从尾部下刀，沿鱼骨横向片成两片鱼肉。

鱼片切得越薄越好

5 将片下的鱼肉鱼皮朝下，按住鱼肉，斜刀将其片成鱼片。

6 鱼片切好后，再次洗净、滗干，加姜丝和腌料拌匀，腌15分钟。

7 将熟米粥倒入砂锅，放入腌好的鱼片，搅拌均匀，再转大火煮沸。

8 再放入生菜丝、香菇片，加盐调味，搅拌均匀。

9 关火盛出，撒入胡椒粉，淋入香油，撒上葱花和香菜末，即可食用。

细嫩入味的

虾·蟹料理

油焖大虾、腰果虾仁……

干贝鲜虾面、香辣蟹粉丝煲……

百味俱全的虾蟹料理强势征服你的舌尖！

黄金虾仁

往螃蟹上淋入黄酒或料酒，并用葱姜垫底，不仅可以去除海腥味，还能起到提鲜的作用。

蛋黄炒蟹

材料：螃蟹2只、咸蛋黄2个、香菜2根、香葱2根、蒜末1大勺、干红辣椒2个、姜末1小勺、大葱粒1大勺、面包糠2大勺

调料：油2大勺、香辣豆豉酱2大勺、料酒1小勺、盐1小勺

蛋黄炒蟹怎样做可以更鲜香酥脆？

螃蟹要洗净，且去掉不能食用的部分；劈块时不能过大，以免影响入味。咸蛋黄事先用刀背压碎，可使其更好地裹住螃蟹，与蟹味充分融合，更加鲜香。加入适量的面包糠进行煸炒，可增加酥脆的口感。

“螃蟹富含蛋白质、氨基酸、钙、铁、硒以及维生素 A、B 族维生素等，有助于人体细胞的修复和合成，提高免疫功能。
其中所含的维生素 A 对皮肤的健康有帮助，
也可补充人体所需钙质，强身健骨。”

制作方法

1. 螃蟹洗净，去除内脏，用刀劈成小块，并取出蟹黄。

2. 咸蛋黄用刀背压碎，放入碗中，备用。

3. 香菜、香葱均洗净，切段，备用。

4. 锅中倒油烧热，放入螃蟹，炸至变色，盛出。

5. 锅中留油，待烧热后，下入蒜末、干红辣椒、姜末、大葱粒、香辣豆豉酱、面包糠爆香。

6. 放入炸好的蟹块，大火翻炒1分钟，烹入料酒，略微翻炒。

7. 然后加入蟹黄和咸蛋黄。

8. 继续翻炒至各材料充分融合后，加盐调味。

9. 最后，撒上香葱和香菜，即可盛出食用。

香辣蟹粉丝煲

材料： 大肉蟹2只、粉丝2把、葱3段、姜末1大勺、热水1碗、香葱末适量

调料： 白酒1大勺、淀粉2大勺、生抽1大勺、老抽1大勺、料酒1大勺、胡椒粉1小勺、油2大勺、蒜蓉辣椒酱2大勺、白糖1小勺、盐1小勺

香辣蟹粉丝煲怎样做才能鲜甜可口？

蟹在处理时要洗净，切块后先往蟹肉中滴入白酒进行腌制，并用淀粉裹上切面。腌制的蟹肉既保存住了原有的风味，又与酒香融合。而裹上淀粉进行油炸，可以更好地锁住蟹肉里的鲜甜味道。

制作方法

1. 大肉蟹洗净，去内脏、尾部，取下蟹壳，分成6块，滴入白酒，切面裹上淀粉。

充分晾干后的粉丝口感软而不烂

2. 粉丝用温水泡软，用凉水冲洗后，剪成15cm长的段，晾半小时。

3. 小碗中放入生抽、老抽、料酒、胡椒粉，做成料汁，拌匀备用。

4. 锅中倒油，烧热后下入蟹块和蟹壳，炸至切面结壳，捞出、滗油。

5. 锅中留底油，下入葱姜爆香后，放入蒜蓉辣椒酱炒匀。

6. 放入炸好的蟹块和蟹壳，翻炒2分钟。

7. 然后加入调好的料汁和白糖、盐调味。

8. 放入晾干后的粉丝，继续翻炒，让粉丝充分入味。

9. 加入少量热水，大火烧开，翻炒均匀后收汁，撒上香葱末即可。

椒盐皮皮虾

材料： 皮皮虾12只、柿子椒1个、红椒1个、洋葱半个、蒜末1小勺、姜末1小勺

调料： 油2碗、料酒1小勺、椒盐粉1小勺

制作方法

1 皮皮虾用清水反复冲洗干净后，用厨房纸吸干表面的水分。

2 柿子椒和红椒洗净、去蒂、去籽，切丁；洋葱去皮，切末，备用。

3 锅中倒入油，大火烧热后，将皮皮虾放入油锅中，炸至颜色变红。

复炸可使皮皮虾外酥里嫩

4 将皮皮虾捞出，待油温升至八成热时，放入皮皮虾复炸一次，捞出、滗油。

5 锅中留底油，下入蒜末、姜末、洋葱末、柿子椒丁、红椒丁煸香。

6 倒入炸好的皮皮虾，略微翻炒后，加入料酒、椒盐粉，炒至味道融合即可。

椒盐皮皮虾怎样做才能外酥里嫩？

皮皮虾洗净后，要用厨房纸吸干水分，一来可防止油炸时热油溅出，二来能让皮皮虾更快炸好。另外，皮皮虾可复炸一次，因为家庭中的灶火通常火力不够，复炸能让皮皮虾外酥里嫩，充分保留鲜味。

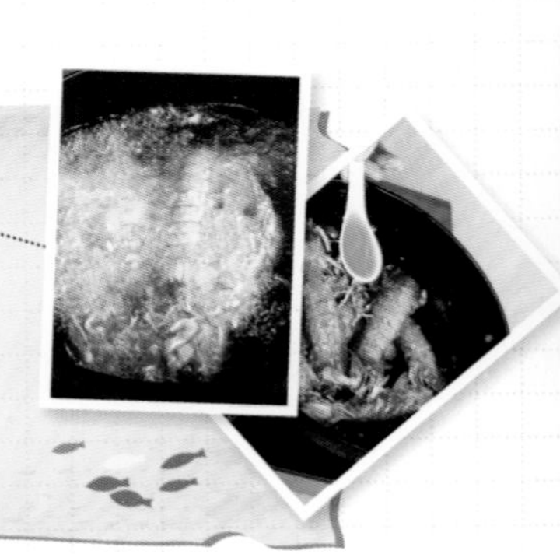

30 分钟
中级
3 人

黄金虾仁

材料： 虾仁半碗、鸡蛋2个　　**蛋糊料：** 淀粉12大勺、油2大勺

调料： 油4碗、椒盐1小勺

腌料： 盐0.5小勺、胡椒粉1小勺、料酒0.5大勺

制作方法

1. 虾仁洗净，用牙签挑去肠泥，加入腌料腌制10分钟。

2. 鸡蛋打入碗中，加蛋糊料，顺同一方向搅拌，调成鸡蛋糊。

3. 锅内入油，中火烧至油面微微冒烟时，将虾仁与鸡蛋糊拌匀，逐个下入油中。

4. 虾仁炸至九成熟时，捞出，拨散，使其粒粒散开。

5. 转大火将油温烧至八成热，把炸过的虾仁再次下锅炸，迅速捞出、滗油、装盘。

6. 最后，盘中撒上椒盐，美味可口的黄金虾仁就可以上桌了。

黄金虾仁怎么做才能外酥里嫩？

软炸虾仁比较关键的就是面糊的黏稠程度，面糊太黏稠，包裹在虾仁外面的量就会过多，反而掩盖了虾仁本身的口感，面糊太稀薄，炸的过程中很容易脱落。炸熟的虾仁，大火复炸可以使口感更加蓬松酥脆、不过油。

20 分钟
高级
3 人

油焖大虾

材料： 鲜虾12只、大葱1段 、姜1块、鸡汤0.5碗（约100g）

调料： 油3大勺、盐1小勺、番茄酱2大勺、料酒0.5大勺、白糖1小勺、水淀粉1小勺、米酒1大勺、香油1小勺

油焖大虾怎么做才更鲜嫩入味？

在虾背上开一个口子可以方便去虾线，焖的时候也比较容易入味。烧至虾完全卷曲即可，否则虾肉容易变老、发柴。鸡汤不必加太多，因为会影响到最后的收汁时间，收汁时间太久，虾肉容易变老。

“虾中含有丰富的钾、镁、磷等矿物质及维生素 A、氨茶碱等成分，而且虾肉松软、易消化，对身体虚弱以及需要调养者是极好的食物。虾头中的虾膏壮阳作用较强，能增强人体的免疫力和性能力。”

制作方法

1 鲜虾洗净，剪去虾须、虾脚，再将虾背切开，挑出虾肠。

2 大葱洗净，斜切成片；姜去皮，切片，备用。

3 炒锅中加3大勺油，中火烧至六成热，将葱姜片下锅，煸炒至颜色变黄。

4 再加半小勺盐，煸炒几下。

5 放入鲜虾，用锅铲轻轻压挤鲜虾头部，将虾膏挤出。

6 然后加入番茄酱、鸡汤，料酒大火烧开。

7 再转成小火，加半小勺盐和白糖，加盖焖5分钟，使鲜虾入味，汤汁收干。

8 等汤汁收浓后，捞出葱姜片，倒入水淀粉勾芡，淋入米酒。

9 将焖好的虾淋上香油，盛入盘中，色泽鲜亮的大虾就可以出锅了。

蒜蓉银丝蒸虾

材料： 鲜虾4只、豆腐1块、粉丝1把、红椒2个、香葱1根、姜1块、蒜 10瓣、干豆豉2大勺

调料： 盐1小勺、油2大勺、生抽 1大勺、蚝油 1大勺、米酒 1大勺、清水1大勺、白糖0.5小勺、香油1小勺

制作方法

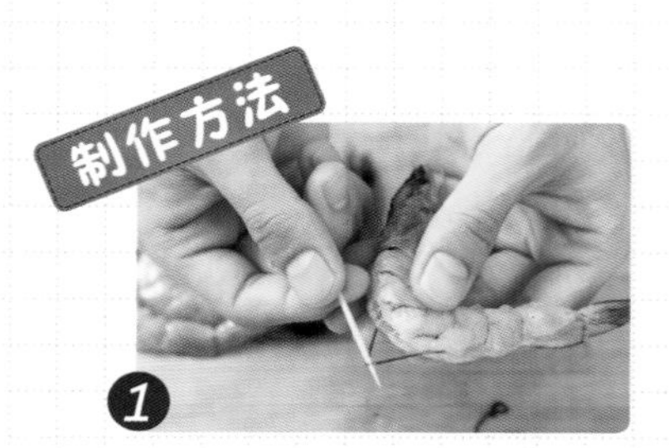

1 鲜虾洗净，剪去长须及虾脚，用刀在虾背由头纵剖至虾尾处，挑出肠泥。

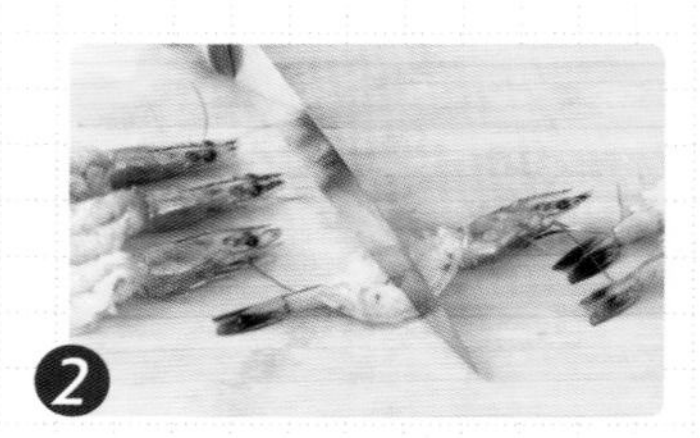

2 将虾背切开，并用刀背敲打虾肉，使虾肉松软。

3 豆腐切成2cm宽的薄片；粉丝泡发；红椒切末；香葱、姜、蒜去皮，切末。

4 煮锅中加入半锅冷水，加1小勺盐，下入豆腐片，煮至浮起，关火、捞出，备用。

5 将豆腐片平铺在盘底，豆腐上铺粉丝。

6 锅中加2大勺油，下入红椒末和葱姜蒜末、干豆豉，加盐、生抽、蚝油、米酒、清水、白糖炒香，制成豆豉料。

7 把处理好的鲜虾并列平铺在粉丝上，拨开鲜虾背部，淋入炒好的豆豉料。

8 蒸锅中加水，大火烧至锅中冒出蒸汽，将蒸盘放入蒸锅，大火蒸8-10分钟，取出，撒上葱末。

9 最后，淋上1小勺香油，这道菜就大功告成了。

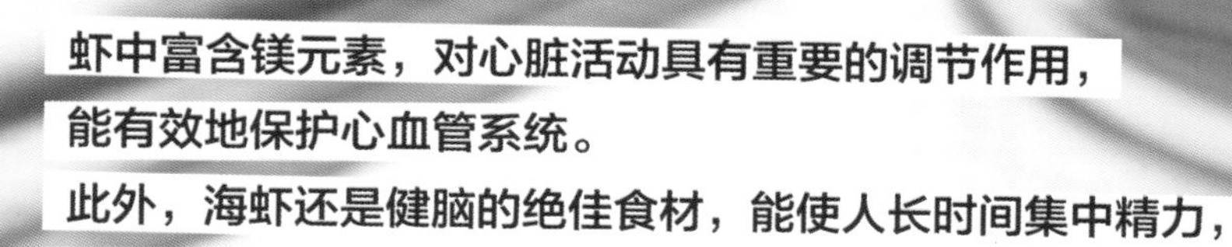
虾中富含镁元素，对心脏活动具有重要的调节作用，
能有效地保护心血管系统。
此外，海虾还是健脑的绝佳食材，能使人长时间集中精力，
提高工作、学习效率。

30 分钟　中级　2 人

腰果虾仁

材料： 鲜虾15只、大葱1段、姜1块、蒜2瓣、腰果1大勺、黄瓜1根、红椒半个

腌料： 油1大勺、料酒0.5大勺、干淀粉0.5大勺、盐1小勺、白糖1小勺

调味汁料： 料酒1大勺、香油1小勺、盐1小勺、水淀粉0.5大勺

调料： 油10大勺、香油1小勺

制作方法

1 鲜虾拨出虾仁，从背部剖开，剔除肠泥后，洗净；葱、姜、蒜洗净，切片。

2 将虾仁加腌料抓匀，放入冰箱冷藏，腌制24小时。

3 锅中加10大勺油，中火将油烧至七成热，转小火，炸熟腰果，捞出、滗干，备用。

4 炸腰果的锅中留油，小火将虾仁炒至变色后捞出、滗干，备用。

5 黄瓜洗净，切成小丁，放入滚水焯水；红椒洗净，切片，备用。

6 炒锅内加2大勺底油，下入葱、姜、蒜爆香，再放入黄瓜丁煸炒。

7 接着放入虾仁、红椒炒匀。

8 炒匀后，放入调味汁调味。

9 最后，撒上炸好的腰果，淋上香油即可。

腰果富含蛋白质、脂肪、碳水化合物
以及多种维生素和钙、磷、铁等矿物元素，
具有防衰老、抗肿瘤和抗心血管病的作用，
还可除湿消肿、润肺除痰，防治肠胃病、慢性痢疾等。”

“黄瓜清热、去燥，是最平常的健康食品，
它富含水分和胶质，生吃可以补充水分、养护肌肤，
晚上用黄瓜片敷脸还能起到补水的作用；
黄瓜性味微凉，因此用黄瓜榨出的果汁能去火排毒。”

清炒虾仁

材料： 虾仁10个、大葱1段、姜1块、蒜2瓣、黄瓜1根、胡萝卜半根

调料： 油5大勺、香油1小勺

腌料： 油1大勺、料酒0.5大勺、干淀粉0.5大勺、盐1小勺、糖1小勺、蛋清1份

调味汁料： 料酒1大勺、香油1小勺、盐1小勺、水淀粉0.5大勺

虾仁怎么炒才滑嫩爽口？

虾仁要想炒得清脆滑口，在处理时，表面必须保持干爽，可以先用厨房纸巾吸去虾仁中的水分，或者用蛋清和干淀粉上浆，裹住水分，这样炒出的虾仁才会清脆。虾仁若有腥味，可用料酒腌渍后再炒。

制作方法

1. 将虾仁背部剖开，剔除肠泥后，洗净。

2. 葱、姜、蒜均洗净，切片。

3. 虾仁加腌料抓匀，腌10分钟，备用。

虾仁易熟，一定要油热后下锅，变色后立即捞起

4. 锅中加3大勺油，烧至六成热，转成小火，将虾仁炒至变色后，立即捞出。

5. 黄瓜洗净，切成虾仁状；胡萝卜去皮，切成虾仁状，二者都放入滚水焯烫，备用。

6. 炒锅内再加2大勺油，下入葱姜蒜片爆香，再放入黄瓜、胡萝卜大火翻炒。

7. 接着放入虾仁，翻炒均匀。

8. 炒匀后，加调味汁料，翻炒调味。

9. 最后，淋上香油，即可出锅。

油蒜炝虾

材料： 鲜虾10只、蒜10瓣、青椒半个、红椒半个、红线椒1个、香菜2根

调料： 油5大勺、香油2大勺、清水2大勺、盐1小勺、白糖2小勺、生抽2小勺

30 分钟　中级　2 人

“

油蒜炝虾中的蒜一定要多放。

淋炝油时，蒜要放在最上面，通过热油充分激发出蒜香味；

香菜要放在最下面，防止炝焦。

干锅烹炒鲜虾时，将虾煸至干香微焦，虾才能充分地吸收料汁。”

制作方法

1 鲜虾洗净，用剪刀剪去虾枪、虾须、虾脚。

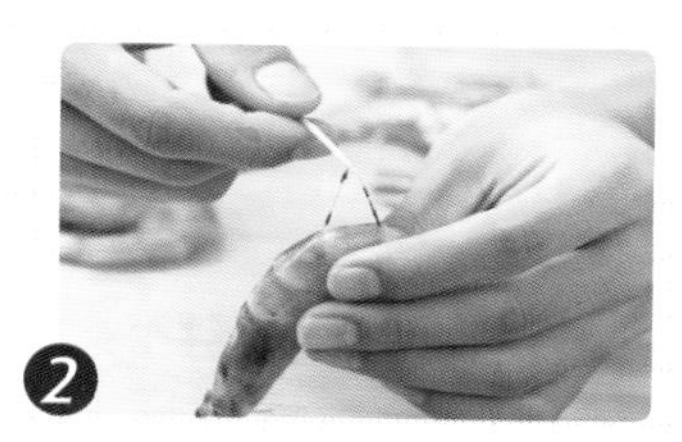

2 接着再用牙签从脊背第二节处挑出肠泥。

3 蒜拍扁、去皮，切末；青椒、红椒洗净、去籽，切丝；红线椒去蒂、洗净，切斜片。

4 香菜去根、洗净，切末；接着将香菜末、青椒红椒、红线椒、蒜末依次放入碗中。

5 锅中加油、香油，中火烧至七成热后关火，将热油淋入碗中。

6 加清水、盐、白糖、生抽搅拌均匀。

7 利用炒锅中剩下的余油，放入鲜虾，用中火翻炒至变色、微焦。

8 接着将调好的料汁倒入锅中，翻炒几下。

9 盖上锅盖，轻晃炒锅，焖至鲜虾充分吸收料汁后盛出。

滑蛋虾仁

材料： 虾仁1碗、玉米淀粉2大勺、鸡蛋4个、香葱末1大勺、枸杞1小勺

调料： 盐1小勺、料酒1大勺、白胡椒粉1小勺、油2大勺

制作方法

1. 虾仁洗净，挑去虾线，控干水分。

2. 往虾仁中加盐、料酒、白胡椒粉、玉米淀粉抓匀，腌制约10分钟。

3. 鸡蛋打入碗中，加入虾仁和一半香葱末，搅拌均匀。

4. 炒锅放2大勺油烧热，倒入虾仁蛋液。

5. 蛋液稍微成形后立即炒散，炒至鸡蛋金黄、虾仁成熟。

6. 最后，撒入其余香葱末和枸杞，盛出即可。

滑蛋虾仁怎样做才能蛋滑虾嫩？

处理虾仁时，要将虾线挑去，以免影响口感。虾仁用吸水纸吸干水分再腌制，更容易附着腌料。热油锅倒入虾仁蛋液迅速滑散，待大部分蛋液凝固、虾仁成熟马上关火，这样口感较蓬松、鲜嫩。

“
虾性温味甘，有补肾养血等功效。
鸡蛋可增强肌体的代谢功能和免疫功能，防止动脉硬化。
滑蛋虾仁口感松软，易消化，
对身体虚弱以及病后需要调养的人是极好的食物。
30分钟
中级
2人

芝士虾球

材料： 鲜虾10只、鸡蛋1个、芝士1块、面包糠1碗

调料： 盐1小勺、胡椒粉1小勺、芝士粉2大勺、色拉油1小勺、淀粉1碗、油4碗

芝士虾球怎样做才柔滑酥香、不煳锅？

虾球要蘸蛋液，这样可以增加口感的柔滑度。油炸虾球时，要用中小火慢慢炸，大火容易煳，且会把面包糠炸焦，失去酥香的口感；一边炸一边用筷子轻轻翻动虾球，确保其受热均匀，更易入味。

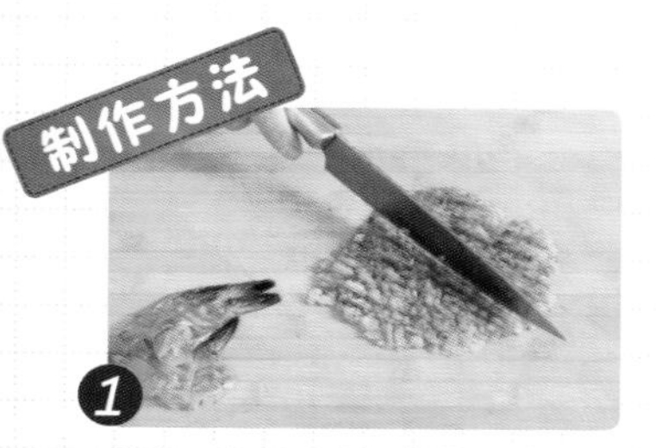

1. 鲜虾剥去外壳，去掉虾线，剁成虾泥，放入碗中备用。

2. 加入盐、胡椒粉、芝士粉、色拉油和1大勺淀粉，顺同一方向搅拌上劲。

3. 鸡蛋打入另一个碗中，均匀搅拌成蛋液，备用。

4. 手上抹少许油，取适量虾泥在手心摊开。

5. 然后包入1块芝士，用手搓成球形。

6. 将做好的虾球放入淀粉碗中滚匀，再放入鸡蛋液中蘸满蛋液。

7. 将蘸满蛋液的虾球放入面包糠中滚一圈，均匀滚上面包糠。

8. 锅中倒油，待烧热后，转中小火，放入虾球开始油炸。

9. 轻轻地翻动虾球，炸至金黄后，捞出控油即可。

韭菜炒爬虾肉

材料： 爬虾10只、韭菜1把、姜1块、枸杞0.5大勺、鸡蛋2个、清水2大勺

调料： 油4大勺、料酒1大勺、生抽1大勺、盐0.5小勺

20 分钟　中级　3 人

“爬虾含有丰富的镁，镁对心脏活动具有重要的调节作用，能很好地保护心血管系统，预防心肌梗死。
韭菜里的粗纤维较多，能促进肠管蠕动，保持大便通畅，并能排除肠道中过多的营养成分，起到减肥作用。”

制作方法

1 爬虾洗净，炒熟后剪去头和尾，去除虾壳，留下虾肉，备用。

2 韭菜洗净，切成3cm长的段；姜切丝；枸杞泡发；鸡蛋搅成蛋液，备用。

3 锅内倒3大勺油烧热，油面开始有烟冒起时，倒入蛋液，炒成鸡蛋碎盛出。

4 锅中再加1大勺油，放入姜丝煸香。

5 放入爬虾肉，倒入料酒和生抽，大火略微翻炒后，倒入清水，加盖焖熟。

6 然后放入韭菜翻炒，韭菜变软后倒入鸡蛋碎，炒匀后加盐调味，即可出锅。

韭菜炒爬虾肉怎么做更鲜美？

爬虾要洗干净后去头和尾，只留虾肉，姜和辣椒煸锅增添香味。翻炒时加入料酒可以去除虾肉的腥味，韭菜炒老了容易嚼不动，所以断生后就要及时关火。最后出锅前撒上盐，咸鲜提味。

青萝卜鲜虾汤

材料： 青萝卜半个、大葱1段、蒜3瓣、姜1块、鲜虾8只

调料： 油2大勺、盐1小勺、生抽1大勺

制作方法

1. 青萝卜洗净、去皮，切成细丝；大葱洗净，切成葱花；蒜去皮，切片；姜洗净，切丝。

2. 鲜虾洗净，剪去虾枪、虾须、虾脚，备用。

3. 锅中倒油烧热，下入鲜虾，中火煸炒至变色。

4. 然后下入葱姜蒜，炒出香味，再放入萝卜丝炒软。

5. 萝卜丝发软、变色后，加4碗开水，转大火煮沸。

6. 汤沸后，加盐、生抽调味，搅拌均匀后，小火煮2分钟，即可食用。

青萝卜鲜虾汤怎么做才汤鲜清爽？

做此汤时，鲜虾不能直接放入汤中，必须先入锅翻炒，去除虾的腥气，并将鲜味炒出，如此做出的汤才味鲜不腥；青萝卜具有吸油、吸味的特点，将萝卜炒软，不仅能使之吸收虾的鲜味，还能使做出的汤清爽不油。

“青萝卜热量少、纤维素多，食用后有饱足感，
并能促进肠胃蠕动，利于排泄废物，降低血脂，有助于减肥瘦身；
萝卜能诱导身体产生干扰素，提高人体免疫力，
青萝卜与鲜虾同吃，可增强人体抵抗力，起到排毒、强身的作用。”
15分钟
初级
2人

虾仁烩饭

材料： 鲜虾5只、葱白1段、姜1块、黄瓜半根、甜椒半个、开水1碗、白米饭1碗

调料： 油2大勺、料酒1大勺、番茄酱1大勺、白糖1大勺、盐1小勺、水淀粉2小勺

虾仁烩饭如何做才无腥气，鲜香味美？

虾仁肉质松软，焯水之后再入锅，可保持口感脆嫩、易于消化；虾仁带有腥味，下锅时，需要加料酒翻炒，这样可以去除腥气，使烩出的饭清爽好吃；勾芡时，要缓缓倒入芡汁，避免汤汁结块。

“鲜虾所含蛋白质是鱼、蛋、奶的几倍到几十倍，
它还含有丰富的钾、碘、镁、磷等矿物质及维生素 A 等成分，
且肉质松软，易消化。炒好的虾仁色泽洁白、
清鲜爽口、口感 Q 嫩，对身体虚弱的人是极好的食物。”

制作方法

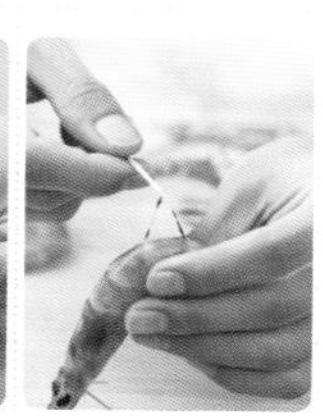

1 鲜虾洗净，剪去虾头、虾尾、虾脚，用牙签剔出肠泥，取出虾仁。

2 将处理好的虾仁放入沸水中焯烫、捞出，备用。

3 葱白和姜分别洗净，切末。

4 黄瓜洗净，切成丁状；甜椒洗净、去蒂，切成丁状。

5 炒锅内加油，中火烧热，下葱姜末爆香。

6 倒入虾仁、料酒略炒，接着加入黄瓜、甜椒，炒匀。

7 再放入番茄酱、白糖、盐，搅拌均匀。

8 接着倒入1碗开水，转大火煮沸后，再以水淀粉勾芡。

9 最后，倒入米饭拌匀，转中火煮至汤汁略收干即可。

海味鲜虾烩饭

材料： 鲜虾4只、小鱿鱼4只、西红柿1个、洋葱半个、芹菜2根、白米饭1碗

调料： 油2大勺、料酒1大勺、盐1小勺、白糖1大勺、番茄沙司1大勺、蒜泥1大勺

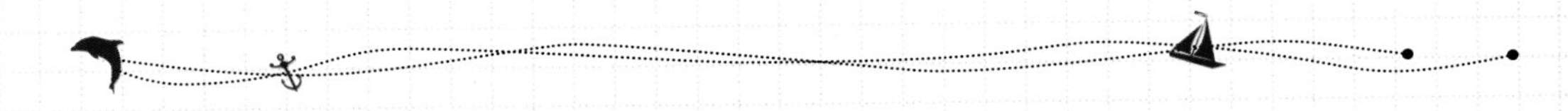

制作方法

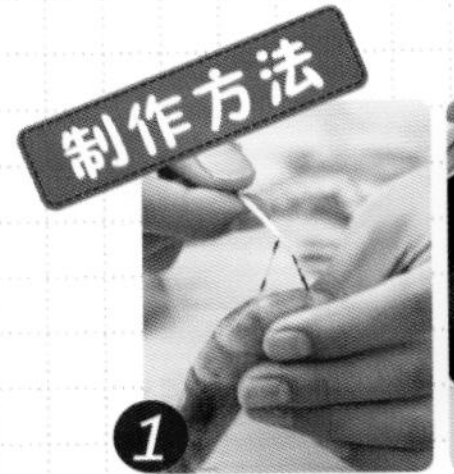

1. 鲜虾洗净，剪去虾头、虾尾、虾脚，用牙签剔出肠泥，焯水，备用。

2. 鱿鱼撕除黑膜，洗净，切成2cm长的段状，焯水备用。

3. 西红柿、洋葱均洗净，切块；芹菜洗净，切小段。

4. 炒锅内加油烧热，放入洋葱块，中火炒至透明。

5. 再放入西红柿，炒至变软出汁后，倒入芹菜，略微翻炒。

6. 将米饭倒入锅中，用锅铲拨散，翻炒均匀。

7. 再倒入鲜虾、鱿鱼，转大火翻炒均匀。

8. 加入料酒、盐、白糖、番茄沙司、蒜泥调味，转中火，翻炒1分钟。

9. 炒熟后，加入1碗开水，大火炒至汤汁收干即可。

“鱿鱼中含有牛磺酸，能有效抑制胆固醇在血液中蓄积，
调节血糖、保护视力、调节内分泌系统。
鱿鱼必须煮熟食用，若未熟透会导致肠运动失调，
体质寒凉、脾胃虚寒的人应少吃。”
30分钟
中级
1人

“蛤蜊营养全面，含有蛋白质、脂肪、碳水化合物、铁、钙、磷等多种成分，
低热能、高蛋白、少脂肪，
具有滋阴润燥、利尿消肿、软坚散结作用，
能防治中老年人慢性病，实属物美价廉的海产品。”

虾仁伊府面

材料： 中筋面粉半斤、鸡蛋1个、清水半碗、冷冻虾仁10个、干木耳3朵、大葱1根、油菜2棵、豆腐泡4个

调料： 油4碗、盐1小勺、胡椒粉1小勺

卤汁调料： 清水2碗、盐1小勺、酱油2大勺、水淀粉1大勺

伊府面怎么做才味鲜滑爽？

炸面条的时候，一定要中火慢炸，并不时翻动以使受热均匀，防止将面条炸焦；炸好的面条尽早吃完，因为放置时间长了会有油腥味；炒面时，要用筷子，不用铲子，这样炒好的面条完整，不会断裂。

制作方法

1. 面粉里打入鸡蛋，加入清水揉成面团，室温下醒1个小时。

2. 虾仁解冻、去肠泥、洗净，对半切开；干木耳泡发，撕小朵、洗净。

3. 大葱切片；油菜去根、洗净、焯水，切段；豆腐泡洗净，切成碎丁。

4. 将饧好的面团擀成厚0.3cm的薄片，折叠，切成面条。

5. 面条煮熟后，放入七成热的油锅中，炸至金黄，捞出、滗油，备用。

6. 锅中加入清水和1小勺盐，下入炸好的面条再煮2分钟，捞出，备用。

7. 另起锅，加1大勺油烧热，下入葱片，小火炒出香味。

8. 接着放入虾仁、木耳、油菜段、豆腐泡丁煸炒。

9. 倒入卤汁调料，煮至汤汁浓稠即成“虾仁卤”，淋在面条上，撒上胡椒粉即可。

干贝鲜虾面

材料： 蛤蜊半碗、冷冻鲜贝1大勺、鲜虾4只、油菜2棵、大葱1段、姜1块、香葱1根、香菜1根、香芹1根、挂面1把（约100g）

调料： 油1大勺、料酒1大勺、盐1.5小勺、香油1小勺

40分钟　初级　3人

“虾肉营养丰富，含有丰富的钾、镁、磷等矿物质及维生素 A、氨茶碱等，营养价值很高。同鲜虾一样，鲜贝富含更多的蛋白质及矿物质，具有滋阴润燥、降低胆固醇的功效，对人体的健康大有好处。”

制作方法

1 清水中加入1小勺盐，放入蛤蜊，浸泡30分钟，使蛤蜊吐净泥沙。

2 鲜贝解冻、洗净，沥干水分；鲜虾去除肠泥、洗净，备用。

3 油菜去根、掰开，洗净；大葱洗净，切片；姜洗净，切片。

4 香葱去根、去皮，切成葱花；香菜洗净，切末；香芹洗净，切末。

5 炒锅加油，中火烧至七成热，加入葱姜片爆香，再倒入开水，大火煮沸。

6 接着下入挂面，大火续煮2分钟，煮至挂面七成熟。

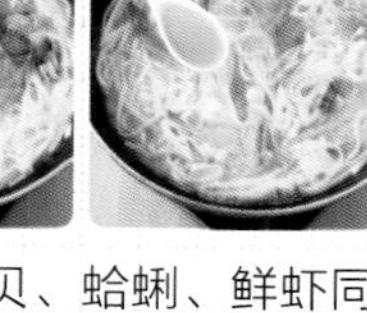

7 再放入鲜贝、蛤蜊、鲜虾同煮，并淋入料酒，去除海鲜腥味。

8 待汤汁再次沸腾，放入油菜，煮至油菜变熟，面熟后关火。

9 最后，放入盐、香油、葱花、香菜末、香芹末，拌匀即可。

鲜滑入味的

软体贝壳料理

粉丝蒸蒜蓉扇贝、辣炒花蛤……

铁板鱿鱼、蚵仔煎……

品种繁多的贝类料理怎一个鲜字了得！

蚵仔煎

奶酪焗牡蛎味道
实在是妙，新鲜牡蛎加上浓郁
奶香，浓浓的意大利风情，
让人一吃难忘。

蛤蜊清汤

材料： 鲜蛤蜊1碗、金针菇1把、海带1张、姜1块、丝瓜1根、清水5碗

调料： 盐2小勺、香油2小勺、油1大勺、生抽1大勺

制作方法

水中加入1小勺盐和1小勺香油，放入鲜蛤蜊浸泡30分钟，洗净、滗干。

金针菇切去根部，洗净、滗干；海带和姜洗净，切成细丝，备用。

丝瓜去蒂、去皮，用清水洗净，切成滚刀块，然后泡入冷水，防止氧化变黑。

锅中加1大勺油，中火烧热，爆香姜丝；接着倒入5碗清水，用大火煮开。

放入海带、丝瓜块、金针菇、鲜蛤蜊，倒入1大勺生抽，用中火煮10分钟。

煮好后，撒入其余盐和香油，搅拌均匀，转成大火煮开，再盖住锅盖，焖5分钟即可。

蛤蜊清汤怎么做才鲜香可口？

做蛤蜊清汤时，首先要清洗干净鲜蛤蜊，浸泡时加入少许盐和香油，有助于其吐沙和吐水；其次，蛤蜊自带咸味，煮汤时撒入少许盐和香油，即鲜香可口，不需要再加其他调料。

蛤蜊的营养价值丰富，含有蛋白质、脂肪、
碳水化合物及碘、钙、磷、铁等多种矿物质和维生素，
具有滋阴润燥、利尿消肿、软坚散结作用，
对甲状腺肿大、黄疸、小便不畅、腹胀等症均有疗效。

20 分钟　中级　3 人

“蛤蜊富含蛋白质、脂肪、糖类及矿物质，
可以滋阴润燥，对于干咳、失眠等病症也有调理作用。
蛤蜊与具有清爽同感的丝瓜同炒，人食用后常有一种清爽宜人的舒服感，
有助于缓解烦恼等症状。”

丝瓜炒蛤蜊

材料： 蛤蜊1碗、丝瓜1根、姜末1小勺、葱粒1小勺

调料： 油2大勺、料酒1大勺、盐1小勺、胡椒粉1小勺、水淀粉2大勺、香油1小勺

丝瓜炒蛤蜊怎样做才能清爽、不变黑？

蛤蜊下锅炒之前要用清水浸泡，并通过不断换水、搓洗使其吐尽泥沙，以保持其干净清爽的口感。要防止丝瓜变黑，可在菜快出锅时才放盐，或者切完丝瓜后，将其浸泡在盐水中，也可预防其变黑。

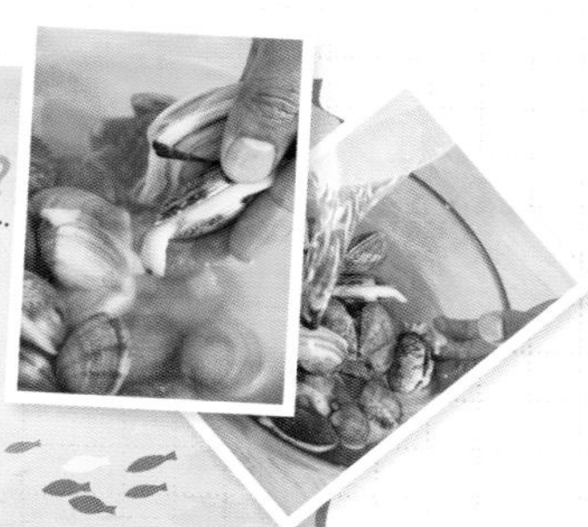

制作方法

1 蛤蜊用清水浸泡，不时搓洗换水，保证蛤蜊洗净。

滚刀块更易入味

2 丝瓜削去外皮，切成滚刀块，焯水备用。

3 锅中倒油，烧热后下入姜末、葱粒爆香。

4 然后放入洗净的蛤蜊，大火翻炒1分钟。

5 淋入料酒，转中火，盖上锅盖，焖2分钟。

6 放入切好的丝瓜，翻炒1分钟。

盐到后面再放可防丝瓜变黑

7 接着加入盐、胡椒粉调味，小火翻炒约半分钟。

8 丝瓜炒软后，倒入水淀粉勾芡，转大火快速收汁。

9 最后，淋入1小勺香油提香，盛出即可。

辣炒花蛤

材料： 花蛤1碗、红椒5根、蒜4瓣、姜1块、葱白1段、香葱1根

调料： 油1大勺、料酒3小勺、生抽1大勺、蚝油0.5大勺

“花蛤肉味鲜美，营养丰富，蛋白质含量高，脂肪含量却很低，
容易被人体消化吸收，
还含有各种维生素和钙、镁、铁、锌等多种人体必需的微量元素，
是一种很好的营养、绿色食品。”

制作方法

1 花蛤用清水浸泡，多换几次水，将泥沙吐干净后，滗干水分。

2 红椒洗净；蒜去皮，切片；姜去皮，切丝；葱白洗净，切末；香葱洗净，切段。

3 锅中倒油，油烧热后，放入葱、姜、蒜和红椒，小火爆香。

4 然后放入滗干的花蛤，淋入料酒，大火翻炒。

5 倒入生抽、蚝油，翻炒均匀，使花蛤入味。

6 最后，撒入香葱段，即可出锅。

辣炒花蛤怎么做才味辣咸香？

辣炒花蛤是山东省的汉族传统名菜，属于鲁菜系，是一道口味偏辣的菜肴。用干红辣椒煸炒，辣味更浓烈正宗；料酒做调料，可以去除海鲜的腥味。

粉丝蒸蒜蓉扇贝

材料： 粉丝1把、蒜5瓣、青椒1个、红椒1个、扇贝5个

调料： 料酒1大勺、油2大勺、生抽2大勺、黄酒1大勺、盐2小勺

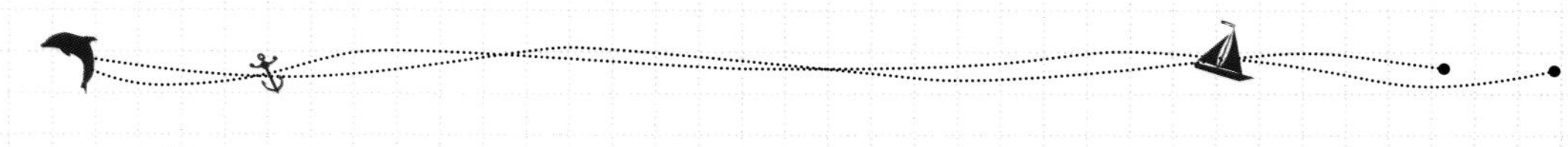

制作方法

粉丝放入温水中泡软；蒜去皮，切成蒜蓉；青红椒洗净、去蒂，切粒，备用。

扇贝洗净，只留下一面壳，取出贝肉，洗净泥沙，用料酒腌制10分钟。

锅中放油，油热后放入蒜蓉，小火炒至金黄，加生抽、黄酒、盐调成汁。

扇贝壳摆入盘中，放上贝肉、爆香的蒜蓉和粉丝。

蒸锅加水烧开，放入扇贝，大火蒸5分钟后关火。

锅中放少许油，放入青椒粒和红椒粒爆香，将热油淋在扇贝上即可。

粉丝蒸蒜蓉扇贝怎么做才味美？

贝肉要去掉黑色的内脏和睫毛状的鳃，剩下的肉用清水冲洗干净后用料酒腌制除腥味。蒜蓉要过油炒才更香，蒸扇贝的时间要把握好，时间长了肉质容易变老。这道菜要趁热吃，保持鲜香嫩滑的口感。

扇贝的营养十分丰富，是高蛋白低脂肪的海洋贝类。
常吃扇贝，是非常天然的补锌、补钙、补铁的好方法。
此外，扇贝具有滋阴补肾、和胃调中功能，
常食有助于降血压、降胆固醇、补益健身。

20 分钟　中级　3 人

葱烧蛏子

材料： 蛏子1碗、淡盐水4碗、葱白5段、姜1小块、蒜4瓣、红椒2个

调料： 油2大勺、料酒1大勺、盐1小勺、生抽1大勺、白糖1小勺、水淀粉3大勺

制作方法

1 蛏子放入淡盐水中，浸泡至少1小时。

2 然后用足量清水充分搓洗，洗净后滗水，备用。

3 葱白洗净，切2cm长的段；姜洗净、去皮，切丝；蒜去皮；红椒洗净，切粒，备用。

4 锅中倒油烧热，下入葱、姜、蒜、红椒爆香，然后放入蛏子，大火翻炒。

5 加入料酒、盐、生抽、白糖，翻炒至蛏子壳张开。

6 最后，调入水淀粉勾芡，翻炒均匀后，即可出锅。

葱烧蛏子怎样做才能更加清甜滑嫩？

蛏子一定要浸泡足够长的时间并充分搓洗干净，如果有泥沙，将会严重影响口感。蛏子快熟时勾入薄芡，有助于锁住蛏子和葱的清甜，增强口感。另外要注意，蛏子不宜炒太久，否则肉质易老。

蛏子性寒，肉质洁白，鲜嫩滑软，是夏天佐酒的一道佳肴，
可以清热解毒，特别对解酒毒有一定作用。
蛏子除含有丰富的蛋白质和钙之外，
还富含碘、锌、锰、硒等微量元素，常食有健脑益智的功效。
1小时15分钟
初级
4人

蚵仔煎

材料：海蛎肉10个、鸡蛋1个、小白菜1棵

调料：蚝油1小勺、料酒1大勺、红薯淀粉4大勺、土豆淀粉4大勺、油2小勺、番茄沙司2小勺

“蚵仔煎是闽南地区一道口味独特、营养丰富的经典小吃。
海蛎肉含有丰富的微量元素和氨基酸，是补钙的最好食品；
红薯淀粉中的红薯含有多种人体需要的营养物质，
而且热量很低，吃多了也不会发胖。”

制作方法

1 新鲜海蛎肉洗净，鸡蛋打成蛋液。

2 红薯淀粉和土豆淀粉放入碗中，加入2倍水，搅拌成均匀的糊；小白菜洗净，撕成小片。

3 平底锅中倒入油，摇晃均匀，加入腌好的海蛎，用中火煎2分钟。

4 倒入糊，摊成圆饼，放入切好的青菜叶。

5 面糊凝固成半透明状时，打入鸡蛋液。

6 鸡蛋液凝固后，翻面煎至金黄，倒扣出锅，淋上番茄沙司，即可食用。

蚵仔煎怎么做外形更加美观？

做蚵仔煎所用的红薯淀粉很黏，所以在煎的时候要及时翻面避免粘锅。最好选用平底锅，倒入油后摇晃均匀，可以避免粘锅。出锅时可将蚵仔煎从锅里倒扣出来保持形状，盛盘后淋上番茄沙司更加美观好吃。

奶酪焗牡蛎

材料： 牡蛎6只、菠菜1把、蒜4瓣、洋葱半个、马苏里拉奶酪碎适量

调料： 柠檬汁2小勺、胡椒粉2小勺、油3大勺、盐0.5小勺

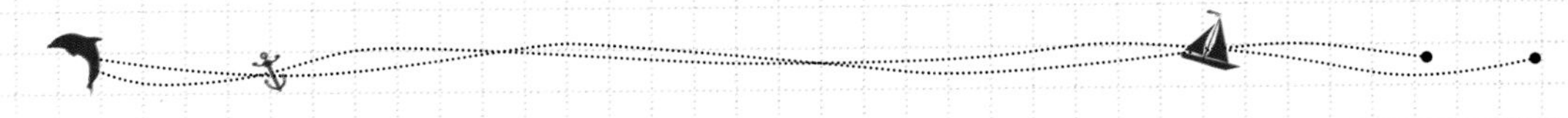

制作方法

1 新鲜牡蛎洗净，撬开外壳，取出蛎肉，用柠檬汁和1小勺胡椒粉腌制；牡蛎壳洗净备用。

2 菠菜洗净，切段，放入沸水焯烫；大蒜去皮，切碎；洋葱去皮，切碎。

3 锅中倒入3大勺油烧热，放入蒜碎和洋葱碎爆香，再放入菠菜翻炒。

4 加盐和其余胡椒粉翻炒均匀后盛出，将炒好的菠菜平均放入牡蛎壳里。

5 将牡蛎肉重新放回牡蛎壳中，撒上马苏里拉奶酪碎。

6 将牡蛎放入预热180℃的烤箱中，焗烤5分钟至奶酪融化即可。

奶酪焗牡蛎怎么做味道更正宗？

奶酪焗牡蛎味道实在是妙，新鲜牡蛎加上浓郁奶香，浓浓的意大利风情，让人一吃难忘。为了让奶酪焗牡蛎味道更好更正宗，在选择牡蛎时最好选择个大汁多的新鲜牡蛎，奶酪用马苏里拉奶酪最好。

“牡蛎味咸性寒，有重镇安宁、滋阴补阳的功效。
菠菜含大量的铁，对缺铁性贫血有改善作用，
常食能令人面色红润。奶酪是一种非常美味的奶制品，
含有丰富的蛋白质和钙，可以补充人体所需。”

20 分钟　中级　2 人

“鲍鱼的蛋白质含量很高，其中的球蛋白含量更是丰富，
且含有人体所需的 8 种氨基酸，可以提供全面充足的营养。
春笋含有充足的水分、丰富的植物蛋白等，
其中所含的丰富纤维素，可有效防止便秘。”

油焖鲍鱼春笋

材料：小鲍鱼8只、春笋3根、葱3段、姜5片、香葱粒1大勺

调料：油3大勺、料酒1大勺、白糖1小勺、老抽1小勺、生抽1小勺

油焖鲍鱼春笋怎样做才能味香浓郁？

鲍鱼一定要切十字花刀，方便入味。春笋用刀背拍松，可以让笋的香味散发出来，也更易吸收汤汁的味道；可适当多放些白糖，一来增加甜度，二来可以让汤汁更浓稠，香味更浓郁。

制作方法

1 鲍鱼去壳，充分清洗后，在鲍鱼肉上划十字花刀。

2 春笋洗净，用刀背将笋拍松后切成段；葱洗净，切小段。

3 锅中倒入油，待烧热后下入葱姜爆香。

4 捞出爆香用的葱姜，丢弃不用。

5 然后放入笋段，大火爆炒至笋段颜色微黄，稍微发焦。

6 再下入鲍鱼，烹入料酒翻炒1分钟。

7 接着加入白糖、老抽、生抽，翻炒均匀。

8 倒入半碗水，转大火烧开后，盖上锅盖，转中火焖煮10分钟。

9 最后，打开锅盖，转大火收汁，撒上香葱粒即可。

鲍鱼粥

材料：鲍鱼2只、大米1碗、鸡胸肉1块、鲜香菇1朵、芹菜2根、葱1根

调料：料酒2小勺、五香粉2小勺、盐1小勺、香油0.5小勺

制作方法

1 鲍鱼洗净，用清水浸泡一天；大米提前泡3个小时。

2 鲍鱼去除壳和内脏后，切成片；鸡胸肉洗净，切块，和鲍鱼用沸水烫熟。

3 往鲍鱼片中加入料酒和五香粉，腌制入味，去腥味。

4 鲜香菇洗净，切片；芹菜洗净，切段；葱切成葱花。

5 煮锅加水，放入大米，大火煮沸后，放入鲍鱼、鸡胸肉、香菇、芹菜，转小火熬煮40分钟。

6 最后，出锅前撒入盐和葱花，淋入香油即可。

鲍鱼粥怎么做才清淡可口？

鲍鱼清洗干净后要用清水泡一整天，烹制时焯熟后也要用料酒和五香粉腌制一段时间才能彻底去腥臭味。配菜选用香菇和芹菜比较清淡鲜美；出锅前撒上少许盐和葱花，淋上香油，更加鲜香。

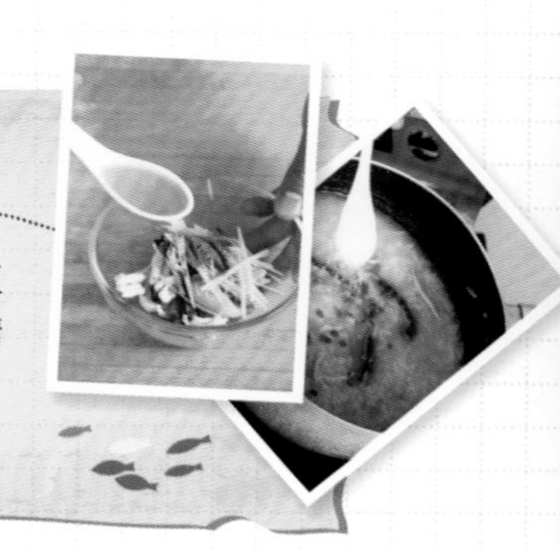

鲍鱼含有较多的钙、铁、碘和维生素 A 等营养元素，
是名贵的海珍品之一，肉质细嫩，鲜而不腻。
中医认为鲍鱼滋阴补阳，是一种补而不燥的海产，
吃后没有牙痛、流鼻血等副作用。

1 小时　中级　2 人

日式牡蛎味噌汤

材料： 干海带1片、香葱1根、内酯豆腐1块、鲜牡蛎肉1碗、柴鱼片半碗、清水4碗

调料： 味噌1.5大勺、白糖2小勺、味淋1大勺

制作方法

1 干海带放入温水中浸泡20分钟，洗净泥沙、滗干，切成菱形片，放入滚水中焯烫，以彻底去除泥沙。

2 香葱洗净，切成葱花；内酯豆腐洗净，切小方块；鲜牡蛎肉洗净，备用。

3 锅中加4碗清水，放入柴鱼片，大火煮沸，熬出鲜味后，滤去柴鱼片，汤水留用。

4 然后放入海带片、豆腐块，中火煮至海带变软，煮出鲜味。

5 再放入鲜牡蛎肉，煮至牡蛎肉成熟，继续煮滚。

6 将味噌倒入汤中，搅拌均匀，加白糖、味淋调味，煮半分钟，撒入葱花，即可。

日式牡蛎味噌汤怎么做才鲜香爽口？

味噌有甜、咸两种口味，白味噌煮出的汤偏甜，口味清淡，红味噌偏咸，应区分使用；味噌中有杂质，下锅前应用滤网过滤，再放入锅中调味。海带中含盐量较高，加完味噌后，尝一下汤的咸度，以清淡适口为宜。

味噌富含蛋白质、尼克酸、维生素 B_1 和铁、钙、锌等营养素。研究证明，常吃味噌能预防胃肠道疾病，还可降低血中的胆固醇，抑制体内脂肪积聚，有改善便秘，预防高血压、糖尿病的作用。

30 分钟　初级　3 人

胡萝卜拌蜇丝

材料： 海蜇丝1袋（约300g）、胡萝卜半根、香菜1根、大葱1根

调料： 盐2小勺、香油1大勺、白糖2小勺、白醋1大勺

海蜇丝怎么做才能 Q 弹爽脆？

切好的海蜇丝焯水时水温不可过高，焯水时间不可过长，否则海蜇会化掉，80℃的热水焯 15 秒左右即可。焯水后迅速投入凉开水中，用时尽可能地挤干水分。海蜇和醋是很好的搭配，醋酸可以去除海蜇的异味，并有提鲜的作用。

制作方法

1 海蜇丝用刀剔去红膜，在清水中浸泡3小时，中间换水3次。

2 将海蜇丝捞出，滗干水分，切成5cm长的细丝，备用。

3 将海蜇丝放入滤网，在80℃的热水中迅速焯烫，再放入凉开水中过凉，滗干水分。

4 胡萝卜洗净，切成细丝，加入1小勺盐，拌匀，腌制10分钟，滗出渗出的水分。

5 香菜去根、洗净，切成小段，备用。

6 大葱洗净，切成葱花，放入碗中，备用。

7 炒锅大火加热，倒入芝麻香油，烧至六成热，淋入装有葱花的碗中，制成葱油。

8 将萝卜丝和海蜇丝混合均匀，加入1小勺盐和白糖，拌匀。

9 最后，淋入葱油、白醋，撒上香菜段，拌匀，即可食用。

酱焖墨鱼仔

材料： 青椒半个、红椒半个、葱1根、墨鱼仔10个、蒜末1小勺、姜末1小勺、八角2颗

调料： 料酒3大勺、油2大勺、甜面酱2大勺、盐0.5小勺、白胡椒粉1小勺、高汤半碗、水淀粉2大勺

酱焖墨鱼仔怎样做才可以鲜甜不腻？

墨鱼仔要去除墨汁囊和牙齿，并用料酒去腥，否则腥味会影响口感；在沸水中不宜烫太久，时间太长会使肉质变老；宜用高汤而不是清水焖煮，以增加其鲜甜度；配合青菜一起食用，就不会感到油腻。

“墨鱼仔味道鲜美，且营养丰富，被李时珍称为‘血分药’，
有补血养血之功效。
对于女性而言，墨鱼仔更是一种理想的保健食品，
无论经、孕、产、乳各个阶段食用，都有益处，对于通经催乳有良好效果。”

制作方法

1 青椒、红椒均洗净，切片；葱洗净，切段，备用。

2 墨鱼仔彻底清洗干净，去除墨汁囊和牙齿，加1大勺料酒腌制去腥。

3 锅中加水煮沸，放入腌过的墨鱼仔烫10秒左右，捞出、滗干。

4 炒锅倒油，烧至七成热时，下入蒜、姜、葱、八角，小火爆香。

5 加入甜面酱炒香，慢慢搅动，避免煳锅。

6 然后放入墨鱼仔，加入2大勺料酒、半小勺盐和1小勺白胡椒粉炒匀。

7 再倒入高汤，盖上锅盖，中火焖3-4分钟。

8 然后放入青椒片和红椒片，再翻炒1分钟。

9 倒入水淀粉勾薄芡，待汤汁变浓，即可盛出。

铁板鱿鱼

材料： 洋葱1个、姜1块、鱿鱼1只

调料： 料酒1大勺、白胡椒粉1小勺、黄豆酱1大勺、蚝油1大勺、油2大勺、海鲜酱3大勺、孜然粉1小勺、辣椒粉1小勺

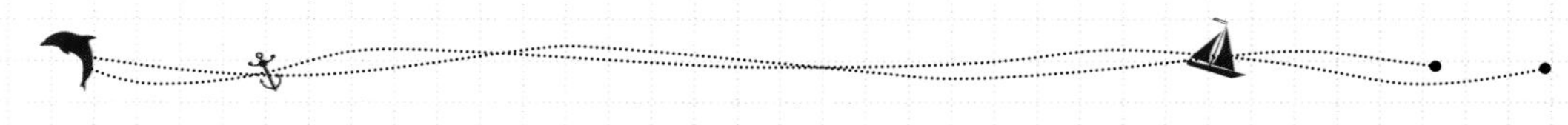

制作方法

洋葱去皮、洗净，切末；姜去皮，切丝，备用。

鱿鱼去除脊骨，挤掉眼睛，用刀顺着鱿鱼两侧划开，放入碗中。

加入姜丝、料酒、白胡椒粉、黄豆酱、蚝油，拌匀。

覆盖保鲜膜，放入冰箱，冷藏腌制30分钟。

腌好后，将鱿鱼串在竹签上，准备煎烤。

锅内倒油烧热，放入腌好的鱿鱼，用锅铲按压鱿鱼，使水分蒸发。

接着放入洋葱末，将鱿鱼和洋葱一起按压，为鱿鱼去腥提鲜。

鱿鱼五成熟时，用刷子在鱿鱼表面刷上海鲜酱。

鱿鱼八成熟后出锅，撒上孜然粉和辣椒粉，即可食用。

鱿鱼富含钙、磷、铁元素，利于骨骼发育和造血，能有效治疗贫血。
鱿鱼还含有丰富的 DHA、EPA 等高度不饱和脂肪酸和牛磺酸。
食用鱿鱼可有效预防血管硬化、补充脑力、预防老年痴呆症。
45 分钟
中级
1 人

“鱿鱼口感弹牙，营养丰富，
它富含多种人体所需的营养物质，并且脂肪含量很低。
但是鱿鱼的胆固醇含量较高，血脂过高或患有心血管疾病的人来说，
应少食或忌食。”

泡椒鲜鱿

材料： 大葱1段、红椒半个、蒜3瓣、青笋1根、鱿鱼1只、泡椒2大勺、泡姜2大勺

调料： 料酒2大勺、油1大勺、豆瓣酱2大勺、盐1小勺、淀粉2大勺

泡椒鲜鱿怎么做才鲜香入味、口感嫩滑?

鲜鱿鱼打麦穗刀后，用清水和料酒焯一下，在与泡椒、豆瓣酱等翻炒时更容易鲜香入味；最后用淀粉勾薄芡，不仅使味道更均匀地挂在鱿鱼上，而且口感更加嫩滑。

制作方法

1 大葱洗净，切段；红椒洗净，切条；蒜去皮，切末，备用。

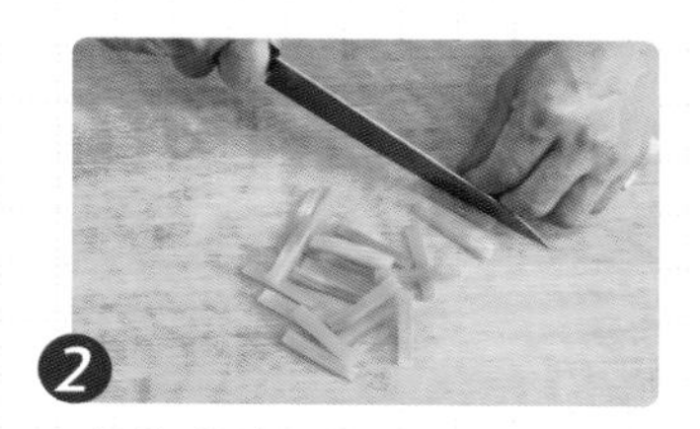

2 青笋去皮，洗净，切成条状，备用。

3 鲜鱿鱼洗净，刀刃先45°斜切，再90°竖切，打麦穗花刀，然后切片。

4 锅中加水煮沸，加入料酒、鱿鱼片，焯烫1分钟，捞出、过凉。

5 锅中倒油烧热，下入泡椒、泡姜、蒜末，炒出香味。

6 接着加入豆瓣酱，炒出红油。

7 加入青笋条、葱段，大火爆炒。

8 然后放入鱿鱼片，加盐调味，并沿着锅边淋入其余料酒，翻炒5分钟。

9 加入红椒条，并用淀粉勾芡，使汤汁均匀挂在鱿鱼片上，再炒2分钟即可。

炸鱿鱼圈

材料： 生菜1片、紫甘蓝1片、圣女果2颗、鱿鱼2只、鸡蛋2个、香菜末2大勺、面粉半碗、面包糠1碗

调料： 盐1小勺、胡椒粉1小勺、料酒1大勺、油1大勺

制作方法

1. 生菜、紫甘蓝洗净、切丝；圣女果洗净，备用。

2. 鱿鱼去须脚、外膜，取出肠泥，洗净后，切成1cm宽的环状。

3. 将鱿鱼圈放入盐、胡椒粉与料酒中，腌制10分钟；将鸡蛋打散，加入香菜末拌匀。

4. 将鱿鱼圈先后均匀裹上面粉、蛋液、面包糠。

5. 锅中倒油，烧至六七成热，放入鱿鱼圈，中火慢炸30秒，呈金黄色即可捞出。

6. 用生菜丝、紫甘蓝丝、圣女果摆盘，搭配鱿鱼圈食用，比较爽口解腻。

炸鱿鱼圈怎么做才外脆里嫩？

炸鱿鱼圈时，先将其放入盐、料酒、胡椒粉等调料中腌制，可以使肉质鲜嫩；然后按顺序均匀裹上面粉、蛋液、面包糠，中火慢炸至金黄色，可以使鱿鱼圈既香又脆。

25 分钟
初级
2 人

韭苔炒鱿鱼

材料： 韭苔1把、大蒜5瓣、红椒3个、姜1块、鱿鱼1条

调料： 油1大勺、盐0.5小勺、白胡椒粉0.5小勺

制作方法

1 韭苔洗净，切除老梗，切段，备用。

2 蒜去皮，切末；红椒洗净、切圈；姜去皮，切片。

3 鱿鱼去除脊骨、眼睛后洗净，切十字花刀后，再切块。

4 将鱿鱼放入滚水中焯烫，鱿鱼卷起后捞出，泡入冰水，再捞出、滗干。

5 锅中倒油烧热，下入蒜末、姜片、红椒爆香，接着放入韭苔段，翻炒均匀。

6 然后放入鱿鱼卷，加入盐、白胡椒粉调味，炒匀即可。

韭苔炒鱿鱼怎么做才爽口弹牙？

事先在鱿鱼片上横竖相交地切出刀口，鱿鱼焯烫后就会缩成卷状，然后泡入冰水，鱿鱼肉质紧缩，口感会更弹；炒鱿鱼前，要先将姜、蒜、辣椒等材料用小火充分爆香，炒出香味后，再加入鱿鱼卷，这样炒出的菜才会入味。

韭苔富含胡萝卜素等维生素，以及钙、铁等微量元素，
常吃韭苔具有生津开胃、增强食欲、促进消化的作用。

20 分钟　初级　3 人

鲜鱿鱼筒饭

材料： 鱿鱼1只、姜5片、芹菜1根、胡萝卜1根、木耳2朵、香菇2个、米饭1碗

调料： 料酒1大勺、酱油1小勺、蜂蜜1小勺、油1大勺、盐1小勺

“鱿鱼富含蛋白质、钙、牛磺酸、磷、维生素 B_1 等多种人体所需的营养成分，可预防贫血、缓解疲劳、恢复视力、改善肝脏功能、预防老年痴呆症等，并具有滋阴养胃、补虚润肤的功能。”

制作方法

1 鱿鱼洗净，用料酒、酱油、蜂蜜、姜片腌制2小时。

2 芹菜、胡萝卜、木耳、香菇洗净，均切丁。

3 锅中倒油，放入芹菜丁、胡萝卜丁、木耳丁和香菇丁，大火爆炒2分钟。

4 倒入米饭，加盐，再翻炒5分钟，将米饭炒散，盛出。

5 将炒好的米饭慢慢装入腌制好的鱿鱼里，稍微压实，用2根牙签将口封住。

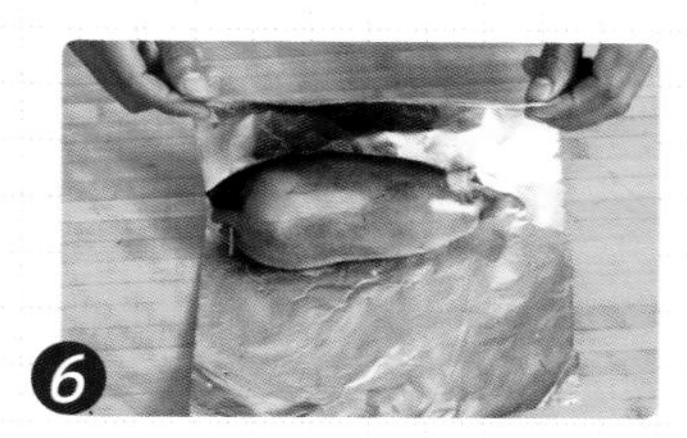

6 锡纸刷油，将鱿鱼置于锡纸上，包好，放入烤箱，220℃烤10分钟即可。

鲜鱿鱼筒饭怎么做才鲜香可口？

做鲜鱿鱼筒饭时，鱿鱼用料酒、酱油、蜂蜜等调料腌制，可以极大程度保持和提升鱿鱼的鲜嫩；将爆炒后的米饭装入其中，包上刷了一层油的锡纸，经过蒸烤，更能吸收鱿鱼汤汁的鲜香。

日式海鲜饭

材料： 内酯豆腐半块、冷冻鲜贝5个、蟹肉棒2条、鲜香菇2朵、胡萝卜1/3根、荷兰豆4个、香葱1根、虾仁5个、白米饭1碗

调料： 盐2小勺、油2大勺、鸡汤1碗、白胡椒粉1.5小勺、水淀粉2大勺、香油1小勺

日式海鲜饭怎么做才鲜味十足？

日式海鲜饭吃的是海产品的鲜味，但鲜贝、虾都有腥气，故要下锅煸炒，使腥味消失；香菇、荷兰豆、豆腐等清爽食材焯烫，保留其鲜味，再与海鲜一起加鸡汤熬煮，如此做出的海鲜饭才丰富馋人。

“日式海鲜饭味道鲜美，非常爽嫩滑口，
这全要归功于豆腐、鲜贝、蟹肉棒、虾仁的完美组合，
这样的组合实际上就是微量元素 + 蛋白质 + 矿物质的营养搭配，
具有增强免疫力的作用，深受追逐时尚的年轻人的喜爱。”

制作方法

1 水中加1小勺盐，将内酯豆腐切1cm见方的小块后，放入盐水中，浸泡20分钟。

2 冷冻鲜贝化冻、洗净；蟹肉棒去塑胶膜、洗净，切小段。

3 鲜香菇洗净，切片；胡萝卜去皮，荷兰豆去老筋，均洗净，切丝；香葱切葱花。

4 将香菇、胡萝卜和荷兰豆一起入滚水锅中，焯熟、捞出、滗干，备用。

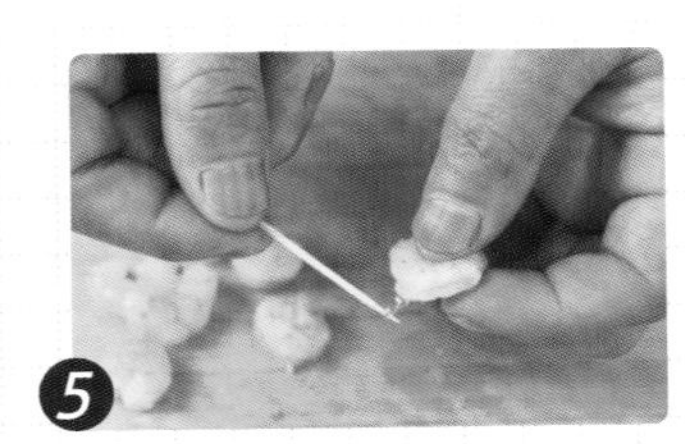

5 虾仁洗净、去肠泥，放入沸水焯烫至变色，捞出。

6 锅里加2大勺油，中火爆香葱花，放入虾仁、鲜贝、蟹肉棒翻炒。

7 倒入鸡汤煮沸后，放入其余材料，大火煮滚。

8 然后转中火煮2分钟，加1小勺盐和白胡椒粉调味。

9 再加入水淀粉勾芡，淋上香油，汤汁略收干时倒在米饭上，即可食用。

翡翠海鲜炒面

材料： 紫洋葱1/4个、青椒1/4个、红椒1/4个、黄椒1/4个、虾仁10个、鸡蛋清1份、鲜鱿鱼半条、手擀面1把(约150g)

调料： 油3大勺、料酒1大勺、盐1小勺、香油0.5大勺、黑胡椒碎1小勺

20 分钟　中级　2 人

“虾中含有丰富的镁，镁对心脏活动具有重要的调节作用，能很好地保护心血管系统。鱿鱼富含钙、磷、铁元素，对骨骼发育和造血十分有益，可预防贫血，其中所含的多肽和硒等微量元素还有抗病毒的作用”

制作方法

1 紫洋葱去皮，切丝；青椒、红椒、黄椒洗净、去蒂、去籽，切丝。

2 虾仁去除肠泥、洗净，加鸡蛋清、淀粉，用手抓匀、上浆。

3 去除鱿鱼的眼睛，撕去表面的黑色黏膜后，洗净。

4 鱿鱼剔除脊背处透明硬壳，切成3cm长的细条。

5 接着将鱿鱼放入滚水中，焯烫15秒，滗干，备用。

6 将面条煮至八成熟，捞出、过凉，淋入1大勺油拌匀。

7 锅中放油，大火烧至七成热，放入虾仁、鱿鱼煸炒，淋料酒去腥。

8 转中火，放入洋葱丝、青椒丝、红椒丝、黄椒丝、面条，加盐调味，翻炒均匀。

9 最后，加香油、黑胡椒碎，大火翻炒均匀，盛出即可。

清香爽口的

海藻料理

海白菜炒肉片、海藻魔芋丝……

海带排骨汤、花蛤紫菜汤……

清香爽口的藻类料理让你一品大海的味道！

海带魔芋丝

海带和黄豆焖得越软烂越好，所以初步调味后，一定要盖上锅盖焖制，让海带和黄豆吸收猪肉和汤汁的香味。

金针拌裙带菜

材料： 葱1段、蒜4瓣、红椒3个、金针菇1把、裙带菜1碗

调料： 生抽1大勺、蚝油2小勺、红油1大勺、陈醋2小勺、油1大勺

1. 葱洗净，切末；蒜拍扁，去皮；红椒洗净，切粒，备用。

2. 金针菇切去老根，洗净，放入沸水中焯熟。

3. 裙带菜用冷水泡发，洗净，放入沸水中焯熟。

4. 金针菇和裙带菜放凉挤干水分后放入碗中，倒入生抽、蚝油和红油。

5. 加入蒜末、葱末、红椒粒，倒入陈醋。

6. 锅中倒油烧热，油面冒烟后，将油趁热淋在金针裙带菜上，搅拌均匀即可。

金针拌裙带菜怎么做更爽脆？

金针拌裙带菜是一道凉菜，想要做出的口感更爽脆，就要将金针菇切去老根后用开水焯熟，裙带菜泡发后也用沸水焯熟。倒入各种调料后再倒入陈醋，用沸油一泼，搅拌均匀，口感香脆爽口。

“
金针菇中含有一种叫朴菇素的物质，
可以增强机体对癌细胞的抵御能力，
常食金针菇还能降胆固醇，增强机体正气，缓解疲劳；
裙带菜富含维生素 A，有抗癌作用。
15 分钟
初级
2 人

海白菜炒肉片

材料：海白菜1碗、干黑木耳2朵、葱白1段、姜1块、干红辣椒2个、猪里脊肉1块

调料：料酒1大勺、盐0.5小勺、生抽0.5大勺、油1大勺

20分钟　中级　3人

“研究发现，海白菜有一定降低胆固醇的作用。
海白菜中含有的硒等矿物质，可降低心血管疾病的发病风险，
此外，它还具有清热解毒的功效。”

制作方法

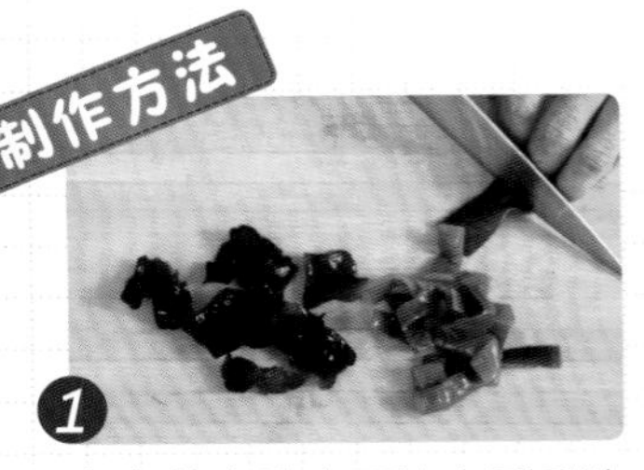

1 海白菜去除表面的杂质后洗净，切成4cm长的片；干黑木耳泡发，撕成小朵。

2 葱白洗净，切成葱花；姜去皮，切丝；干红辣椒切段，备用。

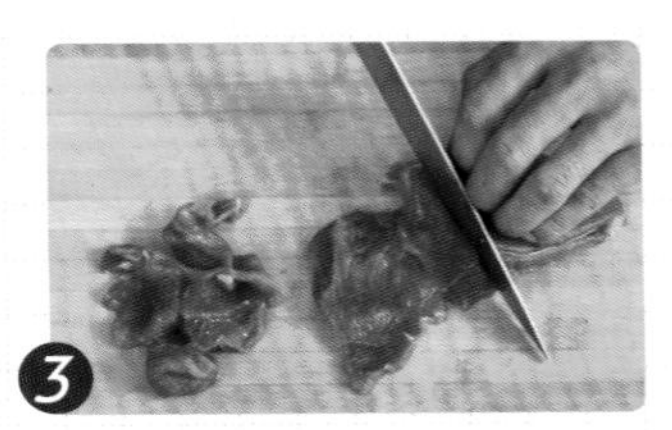

3 猪里脊肉洗净，切成约3cm宽的片，放入碗内。

4 在碗中加入料酒、盐、生抽、葱花、姜丝，腌10分钟。

5 炒锅烧热倒油，下入干红辣椒段爆香，然后放入猪肉，中火偏炒至变色。

6 再倒入海白菜、黑木耳，大火翻炒至入味，盛出即可。

海白菜炒肉片怎么做才鲜嫩入味？

海白菜属于海藻类食材，本身含有一定的盐分，所以炒这道菜时不必再加盐调味，以免味道太咸；肉片最好用料酒、葱姜等材料腌制，并用手抓匀，这样可以充分入味，吃起来味道更佳。

海带魔芋丝

材料： 鲜海带1碗、魔芋丝1碗、红椒半个、葱白1段、蒜5瓣、香菜3根、姜5片、花椒1小勺、八角2颗、干红辣椒段1大勺

调料： 油5大勺、盐1小勺、芝麻1小勺、醋1大勺、生抽1大勺

制作方法

1. 鲜海带洗净，切丝，放入沸水焯烫1分钟；魔芋丝洗净，备用。

2. 红椒洗净，切丝；葱白洗净，切成葱段和葱丝；蒜去皮，拍扁；香菜洗净，切段，备用。

3. 锅中倒油，中火烧热后转小火，放入花椒炸香后捞出。

4. 放入葱段、香菜段、姜片和八角，小火继续炸至葱、姜、香菜变焦，香味飘出。

5. 干红辣椒段放入碗中，撒半小勺盐，将油趁热倒入碗中，撒少许芝麻，做成料油。

6. 将海带丝、魔芋丝、葱丝、红椒丝、蒜混合，拌入料油，加入醋、盐、生抽调味，拌匀即可。

海带魔芋丝怎么做才鲜香味美？

海带泡发后在沸水中焯一下，更容易煮熟，而且可以清除藏在里面的泥沙；用料油调味是这道菜的点睛之笔，往干红辣椒上淋油前撒少许盐，可使做出的料油更香，加入芝麻也可提升香味。

“魔芋是有益的碱性食品，
具有降血糖、降血脂、降压、散毒、养颜等多种功能。
海带又称江白菜，富含矿物质和纤维素，
有防治缺碘性甲状腺肿的作用，还可护发、补钙、延缓衰老。”
15分钟
初级
3人

“黄豆富含容易消化的植物蛋白，并含有多种氨基酸，
是非常理想的食疗佳品；
海带中的蛋白质、膳食纤维、矿物质等多种营养物质含量丰富，
二者搭配有利尿、降压、补虚的养生功效。”

海带焖黄豆

材料： 干海带1张、黄豆半碗、葱白1段、姜1块、红椒3个、猪肉1块、香葱末1小勺

调料： 油1大勺、生抽1大勺、盐0.5小勺

海带焖黄豆怎么做才软烂入味？

海带和黄豆焖得越软烂越好，所以初步调味后，一定要盖上锅盖焖制，让海带和黄豆吸收猪肉和汤汁的香味，使口感更佳；海带还有一定盐分，因此调味时不应再加入太多盐，避免口味太重。

制作方法

1. 干海带泡发、洗净，切成菱形片；黄豆提前浸泡一夜，洗净，备用。

2. 葱白洗净，切成葱片；姜去皮，切片；红椒洗净，切圈。

3. 猪肉洗净，切成小块，放入滚水焯烫5分钟。

4. 锅内倒油烧热，下入葱片、姜片，炒出香味。

5. 放入猪肉块，翻炒入味，接着放入泡发的黄豆翻炒几下。

6. 然后再放入海带片，翻炒均匀。

7. 淋入生抽调味，继续炒匀。

8. 加入开水，大火煮沸，转小火加盖焖10分钟，加盐调味。

9. 汤汁剩余1/3时，撒入香葱末、红椒即可。

海带排骨汤

材料： 姜1块、白萝卜半根、干海带1张、猪排骨1块、枸杞0.5大勺

调料： 料酒2大勺、盐1.5小勺、醋1大勺、白糖1小勺、胡椒粉0.5小勺

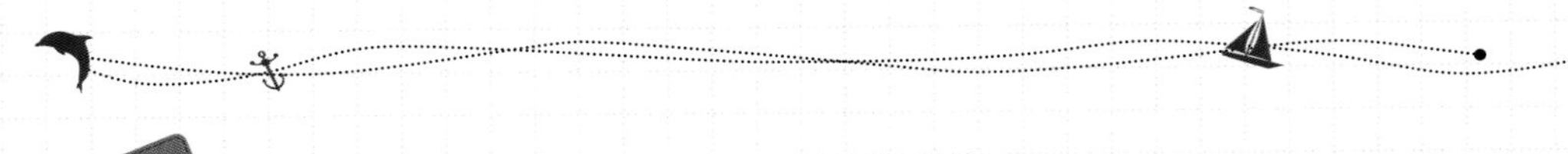

制作方法

1 姜洗净，切成2cm长的细丝；白萝卜去皮，切成滚刀块，备用。

2 干海带泡发，洗净、滗干，切成5cm长的细丝，备用。

3 猪排骨洗净，切成5cm长的小块；将排骨块放入滚水焯烫，捞出、洗净、滗干。

4 往锅中倒5碗清水，放入排骨块、姜丝，用大火煮开，撇去浮沫。

5 然后转成小火，放入海带丝、白萝卜块，淋料酒，盖上锅盖，焖煮40分钟。

6 接着放入盐、醋、白糖、胡椒粉调味，转成大火煮开后，撇去浮沫、搅匀，撒上枸杞。

海带排骨汤怎么做才清香入味？

排骨要放入冷水，大火煮滚，去除腥味；干海带中容易藏有泥沙，建议海带泡发后，也放入滚水焯烫，进一步去除泥沙；待海带和排骨的鲜味融合了白萝卜的清香味，清淡鲜美的排骨汤就做好了。

海带中的各种营养素含量较高，是很好的日常保健食品。
海带富含膳食纤维，能促进肠道蠕动，使人排便顺畅，
将肠内多余废物排出体外；
海带中的碘元素，还对改善碘缺乏引起的甲状腺肿大症大有益处。

1 小时 30 分钟　初级　2 人

花蛤紫菜汤

材料： 花蛤1碗、紫菜1片、香菜2根、姜1块

调料： 盐1小勺、香油1小勺

3小时15分钟 初级 2人

“

花蛤不仅口味鲜美，营养也很丰富。

味咸寒，有滋阴润燥的功效。

紫菜富含胆碱和钙、铁，能增强记忆、促进骨骼和牙的生长发育。

花蛤和紫菜一起熬汤既美味又养生，是预防中老年慢性病的理想食品。

”

制作方法

1 花蛤清洗干净，用盐水浸泡3小时，冲净。

2 香菜洗净，切成4cm长的段；姜切成片；紫菜撕成小片。

3 锅中放水，加入姜片烧开，倒入花蛤。

4 花蛤煮至开口后捞出，留煮花蛤的汤。

5 底汤再烧开，放入紫菜煮3分钟，然后放入花蛤。

6 加盐调味后再煮沸，关火撒上香菜，淋入香油，即可出锅。

花蛤紫菜汤怎么才味美汤鲜？

花蛤清洗干净后用盐水泡好，煮沸的水中放入姜片，以去除腥味。花蛤煮熟至开口后捞出，留底汤，放入紫菜后煮熟，再放入花蛤，加盐调味，最后撒上香菜，淋入香油，汤味更鲜美。

贺师傅天天美食系列

百变面点主食

作者◦赵立广 定价 /25.00

松软的馒头和包子、油酥的面饼、爽滑的面条、软糯的米饭……本书是一本介绍各种中式面点主食的菜谱书，步骤讲解详细明了，易懂易操作；图片精美，看一眼绝对让你馋涎欲滴，口水直流！

幸福营养早餐

作者◦赵立广 定价 /25.00

油条豆浆、虾饺菜粥、吐司咖啡……每天的早餐你都吃了什么？本书菜色丰富，有流行于大江南北的中式早点，也有风靡世界的西方早餐；不管你是忙碌的上班族、努力学习的学子，还是悠闲养生的老人，总有一款能满足你大清早饥饿的胃肠！

魔法百变米饭

作者◦赵之维 定价 /25.00

你还在一成不变地吃着盖浇饭吗？你还在为剩下的米饭而头疼吗？看过本书，这些烦恼一扫而光！本书用精美的图片和详细的图示教你怎样用剩米饭变出美味的米饭料理，炒饭、烩饭、焗烤饭，寿司、饭团、米汉堡，让我们与魔法百变米饭来一场美丽的邂逅吧！

爽口凉拌菜

作者◦赵立广 定价 /25.00

老醋花生、皮蛋豆腐、蒜泥白肉、东北大拉皮……本书集合了各地不同风味的爽口凉拌菜，从经典的餐桌必点凉拌菜到各地的民间小吃凉拌菜，多方面讲解凉拌菜的制作方法，用精美的图片和易懂的步骤，让你一看就懂，一学就会！

活力蔬果汁

作者◦加 贝 定价 /25.00

你在家里自己做过蔬果汁吗？你知道有哪些蔬菜和水果可以搭配吗？本书即以最有效的蔬果汁饮法为出发点，让你用自己家的榨汁机就能做出各种营养蔬果汁，养颜减脂、强身健体……现在，你还在等什么？赶紧行动起来吧！